[INSTRUCTION]

SUR LE PREMIER PRINCIPE

DU

CALCUL DIFFÉRENTIEL

ET

PROPOSITION

D'UNE EXPLICATION NOUVELLE DE CE PRINCIPE

PAR L. DE FABRY,

ANCIEN ÉLÈVE DE L'ÉCOLE POLYTECHNIQUE

PARIS,

GAUTHIER-VILLARS, IMPRIMEUR-LIBRAIRE

DE L'ÉCOLE POLYTECHNIQUE, DU BUREAU DES LONGITUDES,

SUCCESSEUR DE MALLET-BACHELIER

Quai des Grands-Augustins, 55.

1866

DISCUSSION

DE LA MANIÈRE DONT EST PRÉSENTÉ ORDINAIREMENT

LE PREMIER PRINCIPE

DU

CALCUL DIFFÉRENTIEL,

ET

PROPOSITION

D'UNE EXPLICATION NOUVELLE DE CE PRINCIPE;

Par L. De FABRY,

ANCIEN ÉLÈVE DE L'ÉCOLE POLYTECHNIQUE.

PARIS,

GAUTHIER-VILLARS, IMPRIMEUR-LIBRAIRE

DE L'ÉCOLE IMPÉRIALE POLYTECHNIQUE, DU BUREAU DES LONGITUDES,

SUCCESSEUR DE MALLET-BACHELIER,

Quai des Grands-Augustins, 55.

1866

AVANT-PROPOS.

On connaît la réponse de Dalembert à ceux qui lui exposaient leurs doutes sur la solidité de la théorie, par laquelle Leibnitz avait expliqué le premier principe du Calcul différentiel : « *Allez en avant, et la foi vous viendra* ». Cette réponse prouve qu'au temps de Dalembert, c'est-à-dire après tous les enseignements donnés par les grands hommes qui ont découvert le Calcul différentiel, et lorsque ce Calcul lui-même avait déjà produit des résultats merveilleux, il n'y avait pourtant pas encore de *certitude mathématique* sur son principe. Malgré tous les efforts qu'on a faits plus tard pour dissimuler les vices de la théorie de Leibnitz, nous ne pensons pas que les choses aient changé depuis Dalembert; nous pensons, et beaucoup de gens le pensent avec nous, que, en débutant dans l'étude du Calcul différentiel, on est toujours obligé à *croire* sans bien comprendre. Il reste donc encore, à notre avis, à introduire dans le premier enseignement de ce Calcul, la vraie méthode mathématique, celle qui exige que rien ne soit admis sans avoir été réellement démontré; c'est là ce que nous avons essayé de faire dans le présent travail. Mais avant de proposer une explication nouvelle, nous avions à démontrer l'insuffisance des explications que l'on donne ordinairement, et notre travail se divise ainsi en deux parties, dont la première est une introduction critique à la seconde.

DISCUSSION ET PROPOSITION

RELATIVES AU PREMIER PRINCIPE

DU

CALCUL DIFFÉRENTIEL.

CHAPITRE PREMIER.

Parmi les Professeurs éminents qui, dans ces dernières années, ont écrit sur le Calcul différentiel, M. Duhamel est peut-être celui qui s'est le plus préoccupé des principes mêmes de ce calcul et de la meilleure manière de les établir. Voulant nous-même présenter quelques vues nouvelles sur ce sujet, nous étions obligé à faire la critique de quelques-uns des procédés en usage, et, pour cela, nous avons cru devoir considérer ces procédés tels qu'ils s'offrent à nous dans l'ouvrage de M. Duhamel (*). Nous n'aurons pas, du reste, à suivre l'auteur dans

(*) *Éléments de Calcul infinitésimal*, 2ᵉ édition. Paris, Mallet-Bachelier, 1860.

I

toutes les considérations par lesquelles s'ouvre son livre ; il nous suffira d'examiner quelques propositions, qui conduisent au point fondamental sur lequel porte notre critique.

Dans le chapitre II, § 5, t. Ier, M. Duhamel donne la définition de la limite d'une variable, et il résume ensuite cette définition dans les termes suivants : « Ainsi nous appelons *limite* d'une variable une quantité constante dont la variable approche indéfiniment sans jamais l'atteindre. » Nous voulons seulement remarquer ici que, dans tous les exemples cités par M. Duhamel et au moyen desquels il établit cette définition, il y a toujours une différence d'essence ou de nature entre la *chose variable* et la *chose limite*. Ainsi la surface du polygone est embrassée par une ligne polygonale ou composée de droites ; la surface du cercle, au contraire, est embrassée par une circonférence qui est courbe, et la courbe en général est définie comme n'étant ni droite ni composée de droites. Il y a donc, par les définitions mêmes, une différence d'*essence* ou de *nature* entre la ligne polygonale et la circonférence du cercle. Or en multipliant tant qu'on voudra les côtés du polygone inscrit, qui sont des droites, on n'arrivera jamais qu'à des droites en plus grand nombre ; on n'arrivera donc jamais, par cette multiplication des côtés, à une circonférence de cercle qui n'est ni droite ni composée de droites, et si l'on n'arrive pas de la ligne polygonale à la circonférence, on n'arrivera pas non plus du polygone au cercle. Ainsi, ce qui fait la séparation absolue et infranchissable entre la *chose variable* et la *chose limite*, c'est une différence d'*essence* ou de *nature* entre ces deux choses.

M. Duhamel dit ensuite, chap. II, § 6 : « On appelle *quantité infiniment petite*, ou simplement *infiniment petit*, toute grandeur variable dont la limite est zéro. » Mais quand, par la suite, M. Duhamel lui-même parle d'une différence *infiniment petite* entre le polygone inscrit et le cercle, il spécifie ordinairement qu'il s'agit d'un polygone dont on a multiplié *indéfiniment* le nombre des côtés ; c'est, en effet, seulement entre un pareil polygone et le cercle circonscrit qu'on peut voir une différence infiniment petite, et personne ne songera, par exemple, à appeler *infiniment petite* la différence entre un cercle et le triangle équilatéral inscrit. Une quantité variable peut avoir différentes *valeurs*, et une variable qui a zéro pour *limite* peut ainsi avoir des valeurs qui s'approchent ou qui s'éloignent plus ou moins de cette limite. Or il nous semble que ce qu'on peut appeler naturellement *infiniment petit*, c'est ce qu'on considère comme infiniment près de la limite zéro ; il nous semble donc que ce qui peut être appelé *infiniment petit*, c'est une certaine *valeur* ou bien certaines *valeurs* de la variable qui a zéro pour limite, mais non pas cette variable elle-même. Nous attachons du reste peu d'importance à cette objection, qui porte peut-être sur ce que M. Duhamel dit plutôt que sur ce qu'il entend ; mais nous arrivons maintenant au point où il y a, entre lui et nous, un dissentiment véritable et complet.

Dans le chapitre XII, § 61, M. Duhamel indique, dans les termes suivants, la différence des manières dont la tangente à la courbe a été considérée par les *anciens* et par les *modernes*. « Les anciens regardaient les tangentes comme des lignes telles, qu'à partir du point commun avec la courbe, les deux branches de celle-ci se trouvent d'un même côté de la droite; tandis que les modernes, depuis Descartes, les ont regardées comme limites de sécantes passant par le point donné de la courbe et par un second point de la même courbe, qui se rapproche indéfiniment du premier. Il est résulté de là, comme nous allons le montrer, que les modernes ont été conduits à la recherche de rapports d'infiniment petits, problème dont les anciens n'ont pas eu l'occasion de s'occuper. » La première question ici, c'est de savoir si les *modernes* ont eu vraiment le droit de considérer ainsi les tangentes, et si elles sont bien des *limites* de sécantes. M. Duhamel dit lui-même qu'on appelle limite d'une variable une *quantité constante* dont la variable approche indéfiniment sans jamais l'atteindre : or voit-on bien en effet la tangente comme une quantité constante, et la sécante comme une quantité variable qui s'en approche indéfiniment?

Pour qu'il y ait vraiment une variable avec une limite, il faut qu'il y ait, entre la variable et sa limite, une différence vraiment *essentielle*, de sorte qu'il y aurait contradiction à ce que l'une se confondît jamais avec l'autre. Ainsi la ligne polygonale, qui est composée de droites, ne peut pas, sans contradiction, se confondre avec une ligne qui est définie comme n'étant ni droite ni composée de droites, et c'est pourquoi le cercle est considéré comme *li-*

mite du polygone inscrit ou circonscrit. De même aussi il est contradictoire que des zéros, en quelque nombre que ce soit, puissent jamais former un *tout* fini, et c'est pourquoi les parties d'un *tout* fini ne peuvent jamais se confondre avec zéro ou ont zéro pour *limite*. Mais y a-t-il bien, entre la sécante et la tangente, une pareille différence *essentielle*, et est-il vraiment contradictoire que l'une se confonde jamais avec l'autre? Pour des courbes du deuxième degré, par exemple, la sécante est *une droite* qui rencontre la courbe en deux points ; la tangente est *une droite* qui rencontre la courbe en un seul point, et l'on pourrait encore se donner une autre *droite* qui ne rencontrât la courbe en aucun point. *Une droite* peut ainsi avoir trois positions bien différentes, relativement à une courbe ; mais, dans toutes ces positions différentes, elle est toujours essentiellement la même chose, elle est toujours *une droite*, et il est absolument impossible qu'*une droite* soit la limite d'*une droite*.

Que, par exemple, on prenne sur l'axe des x un point *extérieur* à la courbe, et que l'on conçoive, en ce point, une droite formant avec l'axe un angle variable. Pour une certaine valeur donnée à son angle variable, la droite sera une sécante ; pour une autre valeur du même angle, elle sera une tangente, et pour une autre valeur encore elle n'aura plus aucun point commun avec la courbe. Si le point fixe où la droite forme un angle variable avec l'axe des x est aussi un point de la courbe, cette droite alors ne pourra être qu'une sécante ou une tangente ; mais elle sera toujours l'une ou l'autre suivant la valeur attribuée à son angle variable, et elle passera de l'une à l'autre par un simple changement de valeur de cet angle. Y a-t-il là la moindre apparence du passage d'une variable à sa *limite*, c'est-à-dire d'un changement d'essence ou de nature ? N'est-il pas évident, au contraire, que c'est toujours une droite, c'est-à-dire une chose de même nature, qui prend seulement des positions différentes suivant les valeurs attribuées à son angle variable ? La seule *quantité* variable que l'on considère est un angle, et la droite ne change de position que par le changement de valeur de cet angle. Si donc on veut que la tangente soit véritablement une limite que la sécante ne peut jamais atteindre, il faut que l'angle de la tangente, avec l'axe des x, soit aussi une limite que l'angle de la sécante ne puisse jamais atteindre ; passer d'un angle à un autre angle plus grand ou plus petit, ce ne serait plus alors augmenter ou diminuer simplement un premier angle, ce serait passer à la *limite* d'un angle, et cette *limite* d'un angle serait un angle.

En résumé, la droite qui a deux points communs avec la courbe, la droite qui n'a qu'un point commun avec la courbe, et la droite qui n'a aucun point commun avec la courbe, c'est la droite dans des positions différentes relativement à la courbe; et puisque toutes ces positions sont également possibles pour la droite, il ne peut pas être contradictoire que la droite passe d'une de ces positions à une autre. Une droite ne pourrait pas, sans contradiction, cesser d'être une droite pour devenir une ligne brisée ou une ligne courbe ; mais une droite peut très-bien, et sans aucune contradiction, cesser d'être une sécante pour devenir une tangente, ou réciproquement, car en changeant de position, elle ne cesse pas d'être ce qu'elle est *essentiellement*. On n'a donc absolument aucun droit de considérer la tangente comme *limite* d'une sécante , et nous allons voir, en effet, que cette fausse supposition est absolument contredite par les faits.

En admettant que la sécante est une variable dont la tangente est la *limite*, on admet que les deux points d'intersection de la sécante avec la courbe ne peuvent que se rapprocher indéfiniment l'un de l'autre, sans jamais se confondre en un seul point. Si donc on considère un de ces points comme variable, l'autre demeurant fixe, et si on les représente tous deux au moyen de quantités coordonnées qui soient comparables entre elles, il faudra que les coordonnées variables du point variable ne puissent que se rapprocher indéfiniment des coordonnées du point fixe, sans jamais pouvoir les égaler. Les *différences* entre les coordonnées du point variable et celles du point fixe, devront alors être des quantités pouvant diminuer indéfiniment, sans pouvoir jamais arriver à zéro ; ce devront être des quantités variables ayant zéro pour limite, et satisfaisant ainsi à la définition que M. Duhamel donne de l'infiniment petit. Or les conditions précédentes peuvent, comme nous allons le voir, être vérifiées dans toute équation qui est satisfaite par les valeurs zéro de ses variables, c'est-à-dire dans l'équation de toute courbe pour laquelle l'origine des coordonnées est en un point de la courbe.

L'équation

$$y^2 + A\,xy + B\,x^2 + C\,y + D\,x = 0,$$

par exemple, est satisfaite par les valeurs simultanées $x = 0$, $y = 0$, et, en tant qu'elle représente une courbe, l'origine des coordonnées est un des points de cette courbe. On a donc, sur la courbe, d'une part un *point fixe* qui est l'origine même des coordonnées ou dont les coordonnées propres sont zéro et zéro ; et, d'autre part, un *point variable* dont les coordonnées sont les variables mêmes de l'équation. Or rien n'empêche de considérer une sécante ayant son point fixe au point origine des coordonnées, l'autre point d'intersection avec la courbe étant variable sur celle-ci. Le point fixe de cette sécante sera alors représenté par les coordonnées zéro et zéro, tandis que son point variable le sera par les variables mêmes de l'équation ; les *différences* entre les coordonnées du point variable et celles du point fixe seront ainsi $x - 0 = x$, et $y - 0 = y$, de sorte que les variables mêmes de l'équation seront, en même temps, les *différences* entre les coordonnées des deux points de la sécante. Si les deux points de la sécante ne peuvent jamais se confondre l'un avec l'autre, alors x et y, en tant que *différences* des coordonnées de ces deux points, sont des *infiniment petits* qui ne peuvent que se rapprocher indéfiniment de zéro sans jamais y atteindre ; mais, d'autre part, x et y sont les variables mêmes d'une équation qui est incontestablement satisfaite par les valeurs correspondantes $x = 0$, $y = 0$, et cela veut certainement dire que x et y peuvent égaler zéro. L'hypothèse des *différences* infiniment petites ou ayant zéro pour limite, est ainsi contredite par l'évidence même ; x et y, dans l'équation

$$y^2 + A xy + B x^2 + C y + D x = 0,$$

peuvent toujours être pris comme les *différences* entre les coordonnées des deux points de la sécante qui passe par l'origine, et pour admettre que ces *différences* sont *infiniment petites*, il faut nier que l'équation donne $y = 0$ comme valeur correspondante à $x = 0$.

L'équation d'une courbe étant satisfaite par les valeurs zéro de ses variables, ces variables elles-mêmes peuvent toujours être considérées comme les *différences* entre les coordonnées des deux points d'une sécante qui passe par l'origine des coordonnées ; dire que ces *différences* ont zéro pour *limite*, ce serait donc dire à la fois, de la même équation, qu'elle est satisfaite et qu'elle n'est pas satisfaite par les valeurs zéro de ses variables. Il est ainsi établi qu'une sécante dont le point fixe, sur la courbe, est à l'origine même des coordonnées, ne peut pas, sans contradiction, avoir pour *limite* la tangente au même point. Or on peut toujours, par une simple transformation de l'équation d'une courbe, transporter l'origine des coordonnées en un point quelconque de la courbe ; on peut donc établir, pour un point quelconque de la courbe, que la tangente en ce point ne peut pas, sans contradiction, être considérée comme *limite* d'une sécante. Nous espérons maintenant avoir suffisamment démontré que la manière *moderne* d'envisager la tangente n'est aucunement légitime, et qu'elle est complétement démentie par les faits; mais, avant d'abandonner ce sujet, nous voulons encore faire voir par quels moyens on est arrivé à se tromper sur la fausseté de cette idée première, et sur toutes les contradictions où elle entraîne.

CHAPITRE II.

M. Duhamel dit au chapitre XII, § 62, t. Ier :
« Soit M (*fig.* 23) un point donné sur une courbe
rapportée à deux axes AX, AY; AP, MP ses coordonnées x et y; M′ un point de la même courbe, qui
se rapproche indéfiniment de M, et dont les coor-

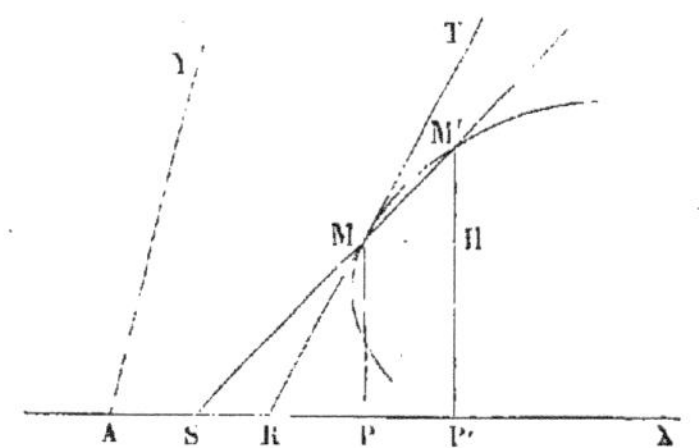

données soient $x + h$, $y + k$; la sécante MM′ coupe
l'axe des x en un point S, et la limite R de la position de ce point déterminera la limite de la sécante,
ou la tangente. La limite de S sera connue si l'on
trouve la limite de PS; or on a la proportion

$$\frac{y}{PS} = \frac{M'H}{MH} = \frac{k}{h}.$$

Donc, en prenant les limites des deux membres,

$$\frac{y}{\mathrm{PR}} = \lim \frac{k}{h},$$

d'où

$$\mathrm{PR} = \frac{y}{\lim \dfrac{k}{h}} = y \lim \frac{h}{k}.$$

Donc la détermination de la tangente à la courbe se ramène à celle de la limite du rapport de deux quantités infiniment petites, qui sont les différences des coordonnées du point donné et d'un point infiniment voisin pris sur la courbe, et qui sont liées l'une à l'autre au moyen de l'équation de la courbe donnée. » Ainsi M. Duhamel ne cherche nullement à *démontrer* que la tangente est, en effet, la *limite* d'une sécante. Dans un premier paragraphe, il énonce simplement cette proposition ; dans le paragraphe suivant, il s'en sert déjà comme si elle était certaine et évidente par elle-même, et, s'appuyant sur elle, il use des *limites* avec une facilité dont les *anciens* n'ont certainement pas donné l'exemple. Cette manière de procéder nous semble bien loin de la méthode rigoureuse qui est suivie dans les Mathématiques élémentaires.

M. Duhamel suppose un point M' qui se *rapproche indéfiniment* du point M. Or un point variable se rapproche d'un point fixe, quand, en partant d'une certaine position du point variable, on *passe* à d'autres positions plus voisines du point fixe. Mais puisque le point variable peut avoir diverses positions plus ou moins voisines du point fixe, on peut aussi

partir d'une certaine position du point variable pour
passer à des positions moins voisines du point fixe ;
et c'est-à-dire qu'un point variable qui peut être
considéré comme se rapprochant d'un point fixe,
peut toujours aussi être considéré comme s'éloignant du même point. On n'a donc pas le droit de
définir un point comme se rapprochant indéfiniment
d'un autre point. De même qu'on peut, par la multiplication des côtés, passer d'un triangle équilatéral
inscrit à un polygone régulier inscrit de quarante-
huit côtés, par exemple, de même aussi on peut,
par le moyen inverse, passer de celui-ci à celui-là ;
une *variable* qui se rapproche toujours d'une *constante*, sans pouvoir aussi s'en éloigner, est donc absolument contradictoire ou impossible à concevoir.
En fait, le point M' est le point *variable* où la sécante MM' coupe la courbe ; ce point variable de la
sécante peut occuper toutes les positions possibles
sur la courbe, et par la même raison qu'on peut le
considérer comme se rapprochant du point fixe M,
on peut aussi le considérer comme s'en éloignant.

Le point M' que l'on considère comme pouvant se
rapprocher ou s'éloigner du point M, est, en tout
cas, un point variable *relativement* à M, et le point M,
par conséquent, est un point fixe *relativement* à M'.
On ne changera donc pas la relation qui existe
entre ces deux points, si l'on considère, d'abord, le
point M comme *absolument* fixe et invariable sur la
courbe ; par là, il sera plus facile de reconnaître le
vrai rôle des quantités MH ou h et HM' ou k, et on
pourra ensuite considérer ces mêmes quantités, en
faisant varier le point même qui est fixe *relativement*

à l'autre point. x' et y' représentant deux nombres constants qui satisfont ensemble à l'équation donnée de la courbe, les coordonnées du point M, supposé *absolument* fixe, pourront être désignées par x' et y'; quant au point M', qui est considéré comme variable et pouvant occuper toutes les positions sur la courbe, ses coordonnées seront convenablement désignées par x et y. Dans ces conditions, les *différences* entre les coordonnées des deux points d'intersection de la sécante et de la courbe seront

$$x - x' = \mathbf{MH} = h, \quad \text{et} \quad y - y' = \mathbf{HM'} = k.$$

Or le point M' étant variable sur la courbe et pouvant y prendre toutes les positions, ses coordonnées x et y peuvent, par conséquent, prendre toutes les valeurs admises par l'équation donnée de la courbe; x' et y' étant un couple de valeurs qui satisfont à cette équation, on a donc toujours le droit de faire $x = x'$ et $y = y'$, ce qui donne

$$h = x' - x' = 0, \quad \text{et} \quad k = y' - y' = 0.$$

On ne peut pas contester qu'un point qui est conçu comme variable sur une courbe, ne puisse, comme tel, prendre toutes les positions possibles sur cette courbe; or ce même point variable peut toujours aussi être considéré comme le point variable d'intersection d'une sécante avec la courbe, et c'est une supposition faite contre l'évidence, de vouloir que, ainsi considéré, il change de nature et ne puisse plus occuper toutes les positions sur la courbe. Les quantités h et k n'ont donc pas zéro pour *limite*; mais il reste à chercher quel est le vrai rôle de ces quantités.

Les quantités MH ou h et HM' ou k sont *variables* ou susceptibles de prendre diverses *valeurs*, et le point fixe M est l'*origine* à laquelle toutes leurs valeurs différentes doivent être rapportées. Si l'on mène, par le point M et dans les deux sens, un axe MH parallèle à AX, et un autre axe MK parallèle à AY, les différentes valeurs de la variable h devront être mesurées sur l'axe MH, à partir de M, et les différentes valeurs de la variable k devront l'être sur l'axe MK, à partir du même point M. MH et MK seront ainsi les axes et M sera l'origine des h et des k, de même que AX et AY sont les axes et A l'origine des x et des y. MH ou h et HM' ou k varient d'ailleurs avec le point M', de même que AP' ou x et P'M' ou y varient avec ce point ; les divers couples de valeurs que peuvent prendre les variables h et k correspondent donc aux diverses positions du point variable qui décrit la courbe, aussi bien que les divers couples de valeurs que peuvent prendre les variables x et y. h et k sont donc véritablement les coordonnées de la courbe, pour une origine qui est au point M sur cette courbe, de même que x et y sont les coordonnées de la courbe, pour une origine qui est au point A, extérieur à cette courbe. Mais en tant que la courbe est donnée par une équation entre les variables x et y, les diverses valeurs des variables h et k ne peuvent pas se déduire directement de cette équation, et c'est pourquoi h et k ne sont données qu'au moyen des variables x et y et par $x - x' = h$ et $y - y' = k$.

$F(x, y) = 0$ étant l'équation donnée de la courbe, les seules coordonnées variables de cette équation sont x et y, et la seule origine des coordonnées de l'équation est le point A qui est représenté par $x = 0$, $y = 0$. Mais en prenant

$$x - x' = h \quad \text{et} \quad y - y' = k,$$

on se donne, au moyen des coordonnées mêmes de l'équation et d'un couple de leurs valeurs particulières, une nouvelle origine et de nouvelles coordonnées, qui ne sont pas celles de l'équation. Prendre $x - x' = h$ et $y - y' = k$, c'est rapporter M′ ou le point variable de la courbe à une origine M qui n'est pas celle des coordonnées de l'équation, et c'est ainsi, au moyen de x et y et de x' et y', se donner de nouvelles coordonnées h et k. De l'équation même, on ne peut tirer que des valeurs correspondantes de x et de y, et, en rapportant ces valeurs sur les axes AX et AY, on peut construire la courbe point par point ; mais au moyen de la relation $x - x' = h$ et $y - y' = k$, on peut, des valeurs particulières de x et y, déduire les valeurs particulières de h et k, et en rapportant ces dernières valeurs sur leurs axes MH et MK, on peut aussi construire la courbe point par point. Les quantités que M. Duhamel appelle « les différences des coordonnées du point donné et d'un point infiniment voisin pris sur la courbe, » et dans lesquelles il semble voir des quantités d'une nature toute particulière, ne sont ainsi, dans le cas qui nous occupe, que des coordonnées qui ne sont pas celles mêmes de l'équation qu'on a de la courbe. Nous allons voir, du reste, qu'il est facile d'obtenir une équation entre les coordonnées h et k; h et k alors seront les coordonnées mêmes de cette équation, et, pour se donner d'autres coordonnées x et y, il faudrait se les donner comme n'étant pas celles de l'équation.

De $x - x' = h$ et $y - y' = k$, il vient aussi

$$x = x' + h \quad \text{et} \quad y = y' + k;$$

il ne cesse donc pas d'y avoir équation si, dans $F(x, y) = 0$, on introduit $x' + h$ au lieu de x et $y' + k$ au lieu de y, et on peut arriver ainsi de l'équation $F(x, y) = 0$ à l'équation différente

$$F(x' + h, y' + k) = 0.$$

x et y ont disparu de cette équation nouvelle, et elle n'a pas d'autres variables que les coordonnées h et k; x' et y', qui sont deux valeurs particulières des variables de l'équation $F(x, y) = 0$, ne sont, dans la nouvelle équation, que de simples coefficients constants, et nullement des valeurs particulières des variables. L'équation $F(x' + h, y' + k) = 0$, qui n'a pas d'autres coordonnées que h et k, n'a pas non plus d'autre origine des coordonnées que celle des h et des k : pour l'équation $F(x, y) = 0$, le point M avait les coordonnées x' et y', parce qu'il n'était pas l'origine des coordonnées de l'équation même; pour l'équation $F(x' + h, y' + k) = 0$, le point M est l'origine des coordonnées mêmes de l'équation, et ses coordonnées propres sont $h = 0$, $k = 0$. Tant qu'on n'avait la courbe qu'au moyen de l'équation $F(x, y) = 0$, h et k ne pouvaient être obtenus qu'au moyen des coordonnées de cette équation et par la relation $x - x' = h$, $y - y' = k$; mais dès qu'on a la courbe au moyen de l'équation $F(x' + h, y' + k) = 0$, toutes les valeurs correspondantes des coordonnées h et k sont obtenues directement au moyen de cette équation, et non plus au moyen d'autres coordonnées. Introduire, dans $F(x, y) = 0$, $x' + h$ au lieu de x, et $y' + k$ au lieu de y, c'est, en définitive, cesser de considérer une équation entre des coordonnées x et y, pour en considérer une entre des coordonnées h et k, et les coordonnées h et k sont alors celles de l'équation même. Ainsi, dès qu'on a obtenu une équation entre les quantités où M. Duhamel voit les différences des coordonnées de deux points donnés par l'équation entre les variables x et y, ces quantités ne sont plus données par une équation entre les variables x et y.

On peut encore, dans l'équation

$$F(x' + h, y' + k) = 0,$$

voir h et k comme les différences entre les coordonnées de deux points de la courbe; mais alors il faut y voir les différences entre les coordonnées h et k d'un point variable sur la courbe, et les coordonnées $h = 0$, $k = 0$ du point origine des coordonnées de l'équation. h et k représentent ainsi les différences $h - 0 = h$ et $k - 0 = k$ des coordonnées de deux points de la courbe; et si l'on considère une sécante passant par ces deux points, h et k sont aussi les différences des coordonnées des deux points où cette sécante coupe la courbe. Or les variables de l'équation $F(x'+h, y'+k) = o$ ont leur origine en un point de la courbe, et l'équation, par conséquent, admet les valeurs correspondantes $h = o$, $k = o$; les différences représentées par les variables h et k peuvent donc égaler zéro. Quand on se donne la courbe au moyen d'une équation $F(x, y) = o$, où l'origine est supposée en dehors de la courbe, on ne peut obtenir les quantités h et k qu'au moyen des coordonnées de l'équation, et par les relations $x - x' = h$ et $y - y' = k$. h et k sont ainsi obtenus comme différences entre les coordonnées que l'équation en x et y donne pour les deux points d'intersection de la sécante; mais alors on peut toujours faire $x = x'$ et $y = y'$, et l'on peut ainsi toujours avoir $h = o$, $k = o$. Quand, au contraire, on se donne la courbe au moyen d'une équation

$$F(x'+h, y'+k) = o,$$

les quantités h et k sont données par leur propre équation, et on peut, dans cette équation même, les considérer comme les différences des coordonnées des deux points de la sécante; mais alors aussi l'équation est celle d'une courbe qui passe par l'origine des coordonnées, et l'on peut toujours y faire $h = o$, $k = o$.

En partant d'une équation $F(x, y) = o$, où l'origine des coordonnées x et y est au point A, en dehors de la courbe, on peut passer à une équation différente $F(x'+h, y'+k) = o$, où l'origine des coordonnées h et k est au point M sur la courbe. Mais pour avoir une équation pour laquelle l'origine soit en un point de la courbe, il n'est pas nécessaire d'y passer en partant d'une autre équation : dans $F(x' + h, y' + k) = o$, x' et y' ne représentent que de simples coefficients numériques, et rien n'empêche de se donner *immédiatement* la courbe avec l'origine des coordonnées au point M ou par l'équation

$$F(x' + h, y' + k) = o.$$

On pourra alors prendre, en dehors de la courbe, un point fixe A, dont les coordonnées négatives sont $PA = h'$ et $MP = k'$; si l'on considère ensuite, sur la courbe, un point variable M', dont les coordonnées variables sont h et k, on pourra toujours rapporter ce point variable au point fixe A. Les coordonnées du point M', relativement à l'origine A, seront

$$AP' = AP + PP' = -h' + h$$

et

$$P'M' = P'H + HM' = -k' + k;$$

si donc on appelle x et y ces nouvelles coordonnées du point variable de la courbe, on aura

$$x = h - h' \quad \text{et} \quad y = k - k'.$$

Les nouvelles coordonnées x et y, qui ne sont pas celles de l'équation donnée de la courbe, ne seront ainsi obtenues qu'au moyen des coordonnées de l'équation, et comme *différences* entre les coordonnées du point variable de la courbe et celles d'un point fixe, en dehors de la courbe. De la relation

$$x = h - h' \quad \text{et} \quad y = k - k',$$

il vient d'ailleurs

$$h = h' + x \quad \text{et} \quad k = k' + y;$$

on pourra donc, par la substitution de $h' + x$ à h et de $k' + y$ à k, passer de l'équation

$$\mathrm{F}(x' + h, y' + k) = 0,$$

où l'origine est au point M sur la courbe, à une équation différente

$$\mathrm{F}(x' + h' + x, y' + k' + y) = 0,$$

où l'origine est en un point A, extérieur à la courbe. Il est du reste évident que

$$h' = -x'$$

et que

$$k' = -y';$$

les coefficients constants x' et h', y' et k' disparaissent donc ensemble de la nouvelle équation, et de l'équation

$$\mathrm{F}(x' + h, y' + k) = 0,$$

qui était donnée *immédiatement*, on a passé à l'équation différente

$$\mathrm{F}(x, y) = 0.$$

Par la discussion du passage de son livre, où M. Duhamel parle pour la première fois des quantités h et k, nous espérons avoir fait sentir que ces quantités ne peuvent pas être d'une nature particulière, par où elles se distingueraient essentiellement des quantités x et y. x et y étant les variables de l'équation donnée d'une courbe, h et k ne sont pas les variables de cette même équation, et leurs valeurs ne peuvent s'obtenir qu'au moyen des variables x et y; mais si, pour une origine fixe sur la courbe, h et k sont les variables de l'équation donnée, alors

x et y ne sont pas les variables de cette même équation, et leurs valeurs ne peuvent s'obtenir qu'au moyen de h et k. L'origine des quantités h et k étant supposée fixe, comme celle des x et y, h et k sont des coordonnées de la courbe au même titre que x et y; la seule différence, c'est que l'origine des x et y est supposée en dehors de la courbe, tandis que celle des h et k est sur la courbe même. D'une équation entre les coordonnées h et k on peut passer à une équation entre les coordonnées x et y, de même que d'une équation entre x et y on peut passer à une équation entre h et k; si l'on passe ordinairement d'une équation entre x et y à une équation entre h et k, et non pas de celle-ci à celle-là, c'est seulement parce que, pour la détermination de la tangente, on a besoin d'une équation dont les coordonnées propres aient leur origine en un point de la courbe.

Mais en nous occupant des quantités h et k, nous avons toujours, jusqu'ici, considéré leur origine comme un point *absolument* fixe sur la courbe. Or c'est surtout en considérant cette origine même comme variable sur la courbe, qu'on est arrivé à se méprendre complétement sur le vrai rôle que jouent ces quantités; il nous reste donc à montrer que, pour une origine variable aussi bien que pour une origine fixe, h et k ne sont jamais que des coordonnées de la courbe qui ont leur origine sur cette courbe.

CHAPITRE III.

Soit $F(x, y) = o$ l'équation donnée d'une courbe, et soient x' et y', x'' et y'', x''' et y''', etc., etc., des couples de valeurs correspondantes des variables de cette équation. On peut, dans $F(x, y) = o$, introduire $x' + h$ au lieu de x, et $y' + k$ au lieu de y, et on arrive ainsi à l'équation

$$F(x' + h, y' + k) = o;$$

par là, on a passé, pour la même courbe, d'une équation entre les variables x et y, à une autre équation entre d'autres variables h et k, dont l'origine est en un point fixe sur la courbe. Ce point n'était pas l'origine des coordonnées de l'équation

$$F(x, y) = o,$$

et, dans cette équation, il avait les coordonnées $x = x'$ et $y = y'$; mais ce même point est l'origine des coordonnées de l'équation

$$F(x' + h, y' + k) = o,$$

et, dans cette équation, il a les coordonnées $h = o$ et $k = o$, et non plus les coordonnées x' et y'. Pour

$F(x, y) = o$, x' et y' sont donc deux valeurs correspondantes des variables de l'équation, et les coordonnées d'un point de la courbe. Pour

$$F(x' + h, y' + k) = o,$$

au contraire, x' et y' ne sont ni des valeurs des variables de l'équation, ni les coordonnées d'un point de la courbe; ce ne sont plus que des *coefficients constants* servant à la détermination de l'équation elle-même. Les quantités x' et y' jouent donc un rôle bien différent dans les équations différentes

$$F(x, y) = o \quad \text{et} \quad F(x' + h, y' + k) = o,$$

et il est important de remarquer cette différence.

On peut, dans $F(x, y) = o$, introduire $x'' + h$ au lieu de x, et $y'' + k$ au lieu de y, et on arrivera par là à une équation différente

$$F(x'' + h, y'' + k) = o,$$

à laquelle s'applique tout ce que nous venons de dire de $F(x' + h, y' + k) = o$. On pourra ainsi, pour chaque couple de valeurs des variables de l'équation $F(x, y) = o$, se donner une équation différente entre des variables h et k; pour chaque point de la courbe, on pourra se donner une équation avec l'origine des coordonnées en ce point. Chacun des couples de valeurs correspondantes des variables de l'équation $F(x, y) = o$, peut donc aussi entrer dans les *coefficients constants* d'une équation entre de nouvelles variables h et k, admettant toujours les valeurs correspondantes $h = o$, $k = o$.

Si x' et y', x'' et y'', x''' et y''', etc., etc., sont des couples de valeurs correspondantes des variables de l'équation $F(x, y) = 0$, alors

$$F(x' + h, y' + k) = 0,$$
$$F(x'' + h, y'' + k) = 0,$$
$$F(x''' + h, y''' + k) = 0,$$
$$\dots\dots\dots\dots\dots\dots\dots,$$

sont des équations qui ont toutes l'origine des coordonnées en un point de la courbe, et dans lesquelles x' et y' ou x'' et y'', etc., ne sont que des *coefficients constants* servant à la détermination de chaque équation. Les choses étant ainsi, quel peut être le vrai sens de l'équation

$$F(x + h, y + k) = 0,$$

dans laquelle on veut voir ordinairement des variables x et y et des *accroissements* h et k donnés à ces variables? Il est admis que x et y sont les mêmes quantités générales ou ont les mêmes systèmes de valeurs correspondantes, dans l'équation $F(x, y) = 0$ et dans l'équation $F(x + h, y + k) = 0$; on peut donc, dans l'une et l'autre équation, introduire les mêmes couples de valeurs correspondantes de x et de y. Il sera ainsi facile de voir si les quantités générales x et y, qui sont les variables proprement dites de l'équation $F(x, y) = 0$, jouent encore le même rôle dans l'équation $F(x + h, y + k) = 0$, et si, dans cette équation, les quantités h et k sont vraiment des *accroissements* de x et de y. En introduisant, par exemple, x' et y' dans $F(x, y) = 0$, le premier membre se réduit identiquement à zéro, et l'équation est vérifiée; en introduisant x' et y' dans $F(x+h, y+k) = 0$, il vient une équation particulière

$$F(x'+h, y'+k) = 0,$$

qui représente la courbe, et dans laquelle x' et y' sont des *coefficients* constants, tandis que h et k y sont les variables propres de l'équation. Ainsi pour $F(x, y) = 0$, tout couple de valeurs particulières de x et de y vérifie l'équation; or si l'équation est vérifiée par tous les couples de valeurs de x et de y, c'est que les quantités générales x et y sont les variables propres de cette équation. Pour

$$F(x+h, y+k) = 0,$$

au contraire, tout couple de valeurs particulières de x et de y fournit des *coefficients constants* pour une équation particulière de la courbe; or si tous les couples de valeurs de x et de y ne sont que des coefficients particuliers, dans les équations particulières qui se déduisent de

$$F(x+h, y+k) = 0,$$

c'est que les quantités générales x et y ne sont elles-mêmes que des *coefficients généraux* dans cette équation.

$F(x, y) = 0$ est une équation particulière de la courbe, avec des variables propres x et y, et chaque couple de valeurs de ces variables détermine un point de la courbe, et non pas une origine des coordonnées de la courbe. $F(x+h, y+k) = 0$ est une équation qui est *générale*, parce qu'elle a des *coefficients* x et y qui sont généraux ou susceptibles de

prendre différentes valeurs ; chaque couple de valeurs de ces coefficients détermine une équation ayant
son origine particulière sur la courbe, et chacune
de ces équations particulières de la courbe a ses
propres variables h et k. $F(x, y) = 0$ est une équation particulière ayant une *origine fixe* ou qui ne
peut varier, et il n'y a de variable dans cette équation que les variables proprement dites, que les
coordonnées du point qui décrit la courbe.

$$F(x + h, y + k) = 0$$

est une équation générale ayant une origine qui
varie suivant les valeurs attribuées aux coefficients
x et y, de sorte que, pour chaque couple de ces
valeurs, on a une origine particulière et une équation particulière entre les variables proprement dites
h et k. $F(x, y) = 0$ est une équation particulière
de la courbe et représente simplement l'ensemble
des points de cette courbe; $F(x + h, y + k) = 0$
représente l'ensemble de toutes les équations particulières

$$F(x' + h, y' + k) = 0, \quad F(x'' + h, y'' + k) = 0, \ldots$$

dont chacune a l'origine de ses coordonnées en un
point de la courbe, et représente l'ensemble des
points de la courbe. Les mêmes quantités générales
x et y jouent donc un rôle bien différent dans l'é-
quation particulière $F(x, y) = 0$ et dans l'équation
générale $F(x + h, y + k) = 0$, et on ne peut pas,
dans cette équation générale, donner à x et y le
nom de variables de l'équation, et à h et k le nom

d'*accroissements* des variables. Mais il sera peut-être utile d'insister encore sur ce point.

Les variables proprement dites d'une équation, sont les quantités générales dont toutes les valeurs correspondantes se déduisent de cette équation même. Les valeurs correspondantes des variables propres d'une équation, sont ainsi déterminées au moyen de leur équation et ne la déterminent pas, de sorte que changer de valeur pour les variables propres d'une équation, n'est en aucun cas changer d'équation. Mais les coefficients d'une équation, déterminent cette équation et ne sont pas déterminés par elle. Si donc une équation a des coefficients qui soient généraux ou susceptibles de différentes valeurs, la détermination de cette équation devra varier suivant les valeurs attribuées à ces coefficients, et c'est-à-dire qu'aux différentes valeurs des coefficients, correspondront différentes valeurs de l'équation. Une équation qui a des coefficients généraux ou susceptibles de diverses valeurs, est donc, elle-même, générale ou susceptible de diverses valeurs, et chacune de ces valeurs de l'équation générale est une équation particulière, qui n'a pas d'autres quantités générales que ses propres variables. Une équation qui contient des quantités générales ou susceptibles de diverses valeurs doit nécessairement, ou bien ne pas varier, ou bien varier avec ces quantités. Si elle ne varie pas avec ces quantités, alors celles-ci sont les variables proprement dites, dont toutes les valeurs possibles appartiennent à une équation qui reste la même ; si au contraire l'équation varie avec ces quantités générales, alors celles-ci sont des coefficients généraux, et à leurs valeurs particulières correspondent des valeurs particulières de l'équation. En ce sens, il ne peut pas y avoir d'autres quantités générales, dans une équation, que des variables proprement dites et des coefficients généraux.

On considère une équation comme particulière ou n'admettant pas la possibilité de différentes valeurs, quand on n'y considère pas d'autres quantités générales que des variables proprement dites, dont toutes les valeurs correspondantes se déduisent de l'équation. Mais quand, dans une même équation, on considère plusieurs espèces de quantités générales, alors l'équation est elle-même générale ou susceptible de diverses valeurs, et on a à distinguer, parmi les quantités générales, celles qui sont les coefficients généraux avec lesquels l'équation même varie, et celles qui sont les variables proprement dites dont les valeurs correspondantes doivent se déduire de l'équation. Ainsi $F(x, y) = 0$ est considéré comme une équation particulière, parce qu'on n'y considère pas d'autres quantités générales que x et y, et ces quantités, qui peuvent varier sans que l'équation varie, sont les variables propres de l'équation. Mais dans l'équation $F(x + h, y + k) = 0$, il y a deux espèces de quantités générales ou susceptibles de diverses valeurs, car il y a d'une part x et y, et d'autre part h et k ; il faut donc, de toute nécessité, que $F(x + h, y + k) = 0$ soit une équation générale ou embrassant diverses équations particulières, et il reste seulement à déterminer lesquelles des quantités générales différentes, x et y ou bien h et k, doivent être considérées comme coefficients généraux, et lesquelles doivent être considérées comme les variables proprement dites. Or cette détermination est facile, parce que l'équation générale $F(x + h, y + k) = 0$, qui se déduit de $F(x, y) = 0$ par un procédé déterminé, doit avoir un sens qui la rattache à cette équation primitive. Nous allons montrer que l'équation $F(x + h, y + k) = 0$ n'a un sens intelligible et ne se rattache à l'équation $F(x, y) = 0$, qu'en tant qu'on y voit, comme nous l'avons fait, une équation générale de la courbe, embrassant toutes les équations particulières pour lesquelles l'origine est en un point de cette courbe.

$F(x, y) = 0$ étant une équation particulière où on ne considère pas d'autres quantités générales que les variables proprement dites, on peut, dans cette équation, introduire $x + h$ au lieu de x et $y + k$ au lieu de y, et il vient ainsi une équation nouvelle $F(x + h, y + k) = 0$. Cette nouvelle équation a été déduite de la première par un procédé déterminé, et il y a des coefficients constants et d'autres conditions qui sont communes à toutes deux ; on peut donc distinguer ces deux équations par les noms d'*équations primitive* et *dérivée*. L'équation dérivée

$$F(x + h, y + k) = 0$$

contenant deux espèces de quantités générales, d'une part x et y, et d'autre part h et k, il s'agit de déterminer lesquelles de ces quantités générales doivent être considérées comme les variables proprement dites, et lesquelles doivent l'être comme coefficients généraux. Si, dans $F(x + h, y + k) = 0$, on considère x et y comme les variables proprement dites, alors ces x et y dépendent des coefficients h et k qui sont tout à fait étrangers à l'équation primitive $F(x, y) = 0$; ainsi, de $F(x+h, y+k) = 0$ on tirerait

$$y = \varphi(x, h, k),$$

tandis que de $F(x, y) = 0$ on tire

$$y = f(x).$$

Si donc x et y étaient considérés comme les variables proprement dites de l'équation dérivée, alors ces x et y n'auraient rien de commun avec les x et y de l'équation primitive. En outre, on n'aurait aucun moyen de déterminer les valeurs des coefficients h et k, et l'équation $F(x+h, y+k) = 0$ n'aurait pas un sens intelligible, par où elle se rattachât à l'équation primitive $F(x, y) = 0$.

Mais dans $F(x+h, y+k) = 0$, on peut considérer h et k comme les variables proprement dites, et x et y comme les coefficients généraux, avec lesquels l'équation même varie. Or les coefficients d'une équation déterminent cette équation, et ne sont pas déterminés par elle; on peut donc soumettre les coefficients généraux x et y de l'équation dérivée, à la condition d'avoir les mêmes systèmes de valeurs correspondantes que les variables x et y de l'équation primitive. Si alors x' et y', x'' et y'', x''' et y''',..., sont des couples de valeurs des variables de $F(x, y) = 0$, l'équation générale $F(x+h, y+k) = 0$ aura, pour valeurs, les équations particulières

$$F(x'+h, y'+k) = 0, \quad F(x''+h, y''+k) = 0,\ldots,$$

dont chacune est une équation de la courbe avec des coordonnées h et k qui ont leur origine sur cette courbe. L'équation générale

$$F(x + h, y + k) = o$$

prend ainsi un sens bien déterminé, par où elle se rattache à l'équation primitive

$$F(x, y) = o\,;$$

celle-ci étant une équation particulière de la courbe, avec une origine fixe quelconque, l'équation dérivée est une équation générale de la courbe, avec une origine qui peut varier, mais qui ne peut varier que sur la courbe même. Toutes les équations particulières qui sont les valeurs de l'équation générale $F(x + h, y + k) = o$, ont leur origine particulière ; mais toutes ces origines différentes sont également en un point de la courbe, de sorte que, dans toutes ces équations particulières, les variables h et k admettent également les valeurs simultanées $h = o$, $k = o$.

Quand, dans $F(x, y) = o$, on introduit $x' + h$ au lieu de x et $y' + k$ au lieu de y, on transporte seulement en un *point fixe* sur la courbe l'origine qui était en un point fixe quelconque. En changeant ainsi d'origine des coordonnées, on change nécessairement de coordonnées et d'équation ; mais, en tant que d'une origine fixe on passe à une origine également fixe, on passe d'une équation particulière à une autre équation particulière. Quand, dans $F(x, y) = o$, on introduit, au contraire, $x + h$ au lieu de x et $y + k$ au lieu de y, on transporte en un *point variable* sur la courbe l'origine qui était en un point fixe quelconque. En changeant ainsi d'origine des coordonnées, on change nécessairement et de coordonnées et d'équation ; et en tant que d'une origine fixe on passe à une origine variable, on passe d'une équation particulière de la courbe à une équation générale de la même courbe. L'origine des coordonnées est toujours un point fixe, *relativement* à un point variable qui décrit la courbe, et chaque équation particulière de la courbe ne peut avoir qu'une seule origine des coordonnées. En transportant l'origine en un point variable sur la courbe, on ne passe donc pas à une équation particulière de cette courbe ; on passe à une équation générale, embrassant une multitude d'équations, dont chacune a une origine particulière de ses coordonnées. Mais, en transportant l'origine, on change, en tout cas, d'équation et de coordonnées, et les coordonnées de l'équation dérivée ne peuvent pas être celles de l'équation primitive. Dans $F(x + h, y + k) = 0$, x et y ne sont pas des coordonnées auxquelles on donne des *accroissements*, car, dans cette équation, x et y ne sont plus les coordonnées ; h et k n'y sont pas des *accroissements* donnés aux coordonnées, car ils y sont les coordonnées elles-mêmes.

En résumé, $F(x, y) = 0$ étant une équation particulière d'une courbe, on peut, par un procédé déterminé, passer de cette équation à l'équation différente $F(x + h, y + k) = 0$, ou, pour nous servir d'une notation plus ordinaire, à

$$F(x + \Delta x, y + \Delta y) = 0.$$

3

En tant que x et y doivent être les mêmes quantités générales ou avoir les mêmes systèmes de valeurs correspondantes dans les deux équations, x et y, qui sont les variables proprement dites de l'équation primitive, ne sont, dans l'équation dérivée, que des coefficients généraux avec lesquels l'équation même varie. Ces coefficients généraux, dont les valeurs sont celles que l'équation primitive donne pour ses propres variables x et y, déterminent, par là même, que l'origine des coordonnées, pour l'équation dérivée, est nécessairement en un point de la courbe, ou que les variables propres de cette équation admettent nécessairement les valeurs simultanées zéro et zéro. Ainsi, dans l'équation dérivée

$$F(x + \Delta x, y + \Delta y) = 0,$$

x et y, qu'on appelle encore les variables de l'équation, ce sont des coefficients généraux avec lesquels l'équation elle-même varie; les quantités Δx et Δy, qu'on appelle *accroissements* des variables x et y, et auxquelles on donne zéro pour *limite*, ce sont les variables propres de l'équation, et ces variables sont soumises à la condition d'admettre les valeurs $\Delta x = 0$, $\Delta y = 0$.

C'est en méconnaissant complétement le sens de l'opération par laquelle on passe de

$$F(x, y) = 0$$

à

$$F(x + \Delta x, y + \Delta y) = 0,$$

qu'on a pu voir, dans cette dernière équation, x et y comme les variables proprement dites, et Δx et Δy

comme des accroissements donnés à ces variables. Mais en considérant ainsi les quantités Δx et Δy comme de simples accroissements donnés à x et y, comment a-t-on pu vouloir que ces mêmes quantités ne pussent que se rapprocher de zéro, sans jamais y atteindre? Pour se donner une quantité, il n'est jamais *nécessaire* de se donner aussi un *accroissement* de cette quantité, et c'est-à-dire qu'une quantité qui peut être donnée avec un accroissement, peut toujours aussi être donnée sans accroissement. Il ne peut jamais être contradictoire à une quantité de ne pas avoir d'accroissement, et de là résulte que, quand une quantité a en effet un accroissement, il ne peut pas lui être contradictoire de cesser d'avoir cet accroissement; or cesser de donner un accroissement à une quantité, c'est passer au zéro de l'accroissement. L'idée même d'un accroissement, est celle de quelque chose qu'on peut se donner ou ne pas se donner, qui peut être ou n'être pas, et il est absolument contradictoire de concevoir de simples *accroissements* qu'on ne pourrait pas cesser de se donner. Si c'était en effet par de simples accroissements des quantités x et y, qu'on passât de $F(x, y) = 0$ à $F(x + \Delta x, y + \Delta y) = 0$, alors on pourrait, par une simple négation de ces accroissements, passer de $F(x + \Delta x, y + \Delta y) = 0$ à $F(x, y) = 0$; puisqu'il ne serait pas nécessaire de donner des accroissements aux variables de l'équation $F(x, y) = 0$, il ne serait pas nécessaire non plus de leur laisser ces accroissements. En fait, Δx et Δy sont des coordonnées qui ont leur origine en un point de la courbe, ce sont des variables qui admettent nécessairement les va-

3.

leurs simultanées zéro et zéro ; mais si les quantités Δx et Δy pouvaient être en effet de simples accroissements, alors encore ces quantités ne pourraient pas avoir zéro pour *limite*, car il y a contradiction, dans les termes mêmes, à ce que de simples *accroissements* ne puissent pas égaler zéro.

Il faut certainement une raison pour que, dans l'équation dérivée $F(x + \Delta x,\ y + \Delta y) = 0$, un homme tel que Leibnitz ait vu tout ce qu'il y a vu, et pour que tant d'hommes éminents, depuis Leibnitz, aient accepté et accrédité son erreur. Nous allons voir maintenant quelle est cette raison, et nous reconnaîtrons ainsi que c'est pour éviter une contradiction purement apparente, qu'on est tombé dans les contradictions les plus réelles.

CHAPITRE IV.

Les coordonnées rectilignes variables de l'équation d'une courbe supposent nécessairement deux
points : un point fixe qui est leur origine ou leur
zéro, et à partir duquel leurs diverses valeurs doivent être mesurées ; un point variable qui, par ses
diverses positions, décrit la courbe. Or les coordonnées du point variable sont les variables mêmes de
l'équation, tandis que les coordonnées particulières
du point fixe ou de l'origine sont zéro ; les variables
mêmes de l'équation, peuvent donc toujours être considérées comme les *différences* entre les coordonnées
d'un point variable et celles d'un point fixe. S'il s'agit d'une équation satisfaite par les valeurs zéro de
ses variables, alors la courbe elle-même passe par
l'origine des coordonnées, et les variables de l'équation peuvent être considérées comme les *différences*
entre les coordonnées d'un point variable et d'un
point fixe sur la courbe ; et si l'on suppose une sécante passant par ces deux points, les variables de
l'équation seront aussi les différences entre les coordonnées des deux points où cette sécante coupe la
courbe. Ainsi une équation entre des variables x et

y étant satisfaite par les valeurs simultanées $x = 0$, $y = 0$, on peut toujours voir dans $x = x - 0$ et $y = y - 0$, les différences entre les coordonnées du point variable et celles du point fixe, où la courbe est coupée par une sécante qui passe par l'origine des coordonnées.

L'équation dérivée $F(x + \Delta x, y + \Delta y) = 0$ varie avec ses coefficients généraux x et y, et elle embrasse ainsi une multitude d'équations particulières, dont chacune a sa propre origine des coordonnées. Mais en tant que les coefficients généraux x et y ont les mêmes systèmes de valeurs que les variables de l'équation primitive $F(x, y) = 0$, toutes ces origines particulières sont également en un point de la courbe ; chacune de ces origines est d'ailleurs le point à partir duquel les diverses valeurs des variables correspondantes doivent être mesurées, et elle est ainsi toujours un point fixe, *relativement* à un point variable qui décrit la courbe. On peut donc voir, dans les variables propres de l'équation dérivée, les différences entre les coordonnées Δx et Δy du point variable qui décrit la courbe, et les coordonnées $\Delta x = 0$ et $\Delta y = 0$ du point relativement fixe qui est l'origine des coordonnées ; et si l'on considère une sécante passant par ces deux points, $\Delta x = \Delta x - 0$ et $\Delta y = \Delta y - 0$ seront aussi les différences entre les coordonnées du point variable et du point relativement fixe où la courbe est coupée par cette sécante. Si donc on pouvait obtenir, en fonction des variables Δx et Δy, une expression de l'angle que la sécante fait avec l'axe des Δx, il suffirait de faire $\Delta x = 0$ et $\Delta y = 0$, dans cette expression, pour réduire à zéro les différences entre les coordonnées des deux points de la sécante; on arriverait ainsi facilement à une expression de l'angle que la tangente au point origine des coordonnées fait, en ce point, avec l'axe des Δx.

La tangente trigonométrique de l'angle qu'une sécante passant par l'origine fait, en ce point, avec l'axe des Δx, est donnée par le *rapport* des variables Δy et Δx; or de $F(x + \Delta x, y + \Delta y) = o$, on peut tirer, en général,

$$\frac{\Delta y}{\Delta x} = \varphi(x, y, \Delta x, \Delta y),$$

et le deuxième membre de cette équation sera ainsi une expression de l'angle que la sécante fait avec l'axe des Δx, expression donnée en fonction des variables Δx et Δy et des coefficients et autres conditions de l'équation dont elle se déduit. Cette expression étant fonction des coefficients généraux x et y, elle est nécessairement générale ou variable elle-même. Pour chaque couple de valeurs particulières de x et de y qu'on introduit dans l'équation générale $F(x + \Delta x, y + \Delta y) = o$, on a une équation particulière de la courbe, avec une origine fixe sur cette courbe; en introduisant le même couple de valeurs de x et de y dans l'expression générale

$$\varphi(x, y, \Delta x, \Delta y),$$

on aura la détermination de l'angle de la sécante pour cette équation particulière et pour cette origine fixe sur la courbe. L'équation générale

$$F(x + \Delta x, y + \Delta y) = o$$

embrasse une multitude de valeurs particulières

$$F(x' + \Delta x, y' + \Delta y) = 0, \quad F(x'' + \Delta x, y'' + \Delta y) = 0, \ldots,$$

dont chacune est une équation de la courbe avec ses propres variables Δx et Δy, rapportées à une origine fixe sur cette courbe; de même aussi l'expression générale $\varphi(x, y, \Delta x, \Delta y)$ embrasse une multitude de valeurs particulières

$$\varphi(x', y', \Delta x, \Delta y), \quad \varphi(x'', y'', \Delta x, \Delta y), \ldots,$$

dont chacune détermine l'angle de la sécante pour une équation particulière de la courbe, ayant une origine particulière sur cette courbe. Suivant les valeurs attribuées aux variables Δx et Δy, dans chacune de ces expressions particulières, on aurait les diverses valeurs de l'angle de la sécante, pour chacune des équations particulières ou pour chacune des origines fixes sur la courbe.

$F(x + \Delta x, y + \Delta y) = 0$ étant une équation générale de la courbe, avec la détermination que l'origine des coordonnées est en un point de cette courbe, les variables Δx et Δy peuvent être considérées comme les différences entre les coordonnées du point variable et du point fixe, où la courbe est coupée par une sécante qui passe par l'origine des coordonnées; on peut donc toujours aussi, dans l'équation

$$\frac{\Delta y}{\Delta x} = \varphi(x, y, \Delta x, \Delta y),$$

qui se déduit de

$$F(x + \Delta x, y + \Delta y) = 0,$$

considérer Δx et Δy comme les différences entre les coordonnées de ces deux points de la sécante. Or si les variables Δx et Δy sont les différences entre les coordonnées des deux points de la sécante, il suffit de faire $\Delta x = o$ et $\Delta y = o$ pour que ces différences se réduisent à zéro ; et c'est-à-dire qu'il suffit de faire $\Delta x = o$, $\Delta y = o$, pour que le point variable où la sécante coupe la courbe, vienne se confondre avec le point fixe, ou pour que d'une sécante passant par le point origine des coordonnées, on ait passé à une tangente à la courbe en ce même point. $\varphi \, (x, y, \, \Delta x, \Delta y)$ étant l'expression de la tangente de l'angle que la sécante passant par l'origine fait, en ce point, avec l'axe des Δx, il suffirait ainsi de faire, dans cette expression, $\Delta x = o$ et $\Delta y = o$, pour avoir une expression de la tangente de l'angle que la tangente à l'origine fait, en ce point, avec l'axe des Δx. Cette nouvelle expression étant de la forme $\varphi (x, \, y)$, elle dépendrait toujours des coefficients généraux x et y, et serait, par conséquent, générale ou variable comme eux. Pour chaque couple de valeurs particulières attribuées à ses coefficients généraux x et y, l'équation $F (x + \Delta x, \, y + \Delta y) = o$ donne une équation particulière, ayant une origine particulière sur la courbe ; pour le même couple de valeurs attribuées aux coefficients x et y, l'expression générale $\varphi (x, y)$ donnerait la tangente trigonométrique de l'angle fait, avec l'axe des Δx, par la tangente particulière qui touche la courbe en cette origine particulière.

Mais on ne peut pas faire $\Delta x = o$, $\Delta y = o$ dans le deuxième membre de l'équation

$$\frac{\Delta y}{\Delta x} = \varphi\,(x,\,y,\,\Delta x,\,\Delta y),$$

sans faire aussi $\Delta x = 0$, $\Delta y = 0$ dans le premier membre ; on aurait donc

$$\frac{\Delta y = 0}{\Delta x = 0} = \varphi\,(x,\,y),$$

et c'est-à-dire que l'expression générale qui détermine l'angle de la tangente avec l'axe des Δx, serait le *quotient déterminé* de $\Delta y = 0$ par $\Delta x = 0$. Or deux zéros qui sont considérés seulement en eux-mêmes ne peuvent pas avoir un quotient déterminé, et on n'a pas soupçonné qu'il pût en être autrement pour deux quantités variables liées entre elles par une équation, et prenant les valeurs zéro dans leur équation. On a donc vu une contradiction absolue, à ce que deux quantités qui deviennent zéro puissent avoir encore un rapport déterminé, et c'est pour échapper à cette contradiction apparente qu'on en est venu à voir, dans les variables propres de l'équation dérivée, des *accroissements infiniment petits* donnés aux variables de l'équation primitive. En un mot, on a eu recours aux hypothèses les moins justifiées, et l'on a complétement renoncé à la méthode rigoureuse des Mathématiques élémentaires, pour arriver au rapport des valeurs zéro des variables d'une équation, sans reconnaître qu'un pareil rapport fût possible. Nous allons bientôt montrer qu'une équation satisfaite par les valeurs zéro de ses va-

riables, peut toujours donner un *rapport déterminé*
de ces valeurs; mais avant d'entrer dans cette dé-
monstration, nous pouvons faire voir, dans un
exemple fort simple, l'inutilité de tous les moyens
artificiels, par lesquels on a voulu se soustraire à la
nécessité de reconnaître un rapport déterminé des
valeurs zéro.

Soit l'équation

$$y^2 + A\,xy + B\,x^2 + C\,y + D\,x = 0,$$

où A, B, C, D représentent des nombres constants
quelconques, et où on ne considère comme variables
ou susceptibles de diverses valeurs que les variables
proprement dites. Cette équation est satisfaite par
les valeurs simultanées $x = 0$, $y = 0$, et, en tant
qu'elle représente une courbe, l'origine des coordonnées est en un point de cette courbe; on peut
donc y considérer les variables x et y, comme les différences $x - 0$ et $y - 0$ entre les coordonnées des
deux points où la courbe est coupée par une sécante,
passant par l'origine des coordonnées. Or de cette
équation on tire

$$\frac{y}{x} = -\frac{B\,x + D}{y + A\,x + C},$$

dont le deuxième membre exprime la tangente trigonométrique de l'angle de la sécante avec l'axe des
x, en fonction des variables x et y et des coefficients
de l'équation; ainsi, pour chaque couple de valeurs
particulières de x et de y, introduit dans l'expres-

sion $-\dfrac{Bx+D}{y+Ax+C}$, on aura une valeur particulière de l'angle de la sécante, et, par là, la détermination d'une sécante particulière passant par l'origine des coordonnées. Mais comment arriver maintenant à la détermination de l'angle que la tangente au point, origine des coordonnées fait, en ce point, avec l'axe des x? Il n'y a pas ici de coefficients généraux ou variables, que l'on puisse prendre pour les variables propres de l'équation; il est, par conséquent, impossible de prendre les variables propres de l'équation pour des *accroissements infiniment petits* donnés à d'autres variables. Il faut donc bien voir, dans x et y, les variables mêmes de l'équation, et ces variables n'ont pas zéro pour *limite*, puisque leur équation admet incontestablement les valeurs simultanées $x = o$, $y = o$. Il n'y a donc pas d'autre moyen, pour arriver à la détermination de l'angle que la tangente fait avec l'axe des x, que de réduire à zéro les différences x et y entre les coordonnées des deux points de la sécante, et, de

$$\frac{y}{x} = -\frac{Bx+D}{y+Ax+C},$$

on passe ainsi à

$$\frac{y=o}{x=o} = -\frac{D}{C};$$

$-\dfrac{D}{C}$, qui exprime la tangente trigonométrique de l'angle que la tangente à l'origine fait, en ce point, avec l'axe des x, est donc le *quotient déterminé* de deux valeurs zéro.

Il est facile de reconnaître, *à posteriori*, que $-\dfrac{D}{C}$ donne bien en réalité la détermination de l'angle que la tangente fait avec l'axe des x. En effet, tout couple de valeurs autre que $x = 0, y = 0$ ne peut pas avoir le quotient $-\dfrac{D}{C}$, et si, par exemple, x' et y' sont deux pareilles valeurs des variables de l'équation, on aura

$$\frac{y'}{x'} = -\frac{B x' + D}{y' + A x' + C},$$

quotient différent de $-\dfrac{D}{C}$. Si donc on se donne une droite

$$\frac{\beta}{\alpha} = -\frac{D}{C},$$

pour laquelle toutes les valeurs correspondantes des variables α et β ont nécessairement le quotient $-\dfrac{D}{C}$, les coordonnées de la courbe ne peuvent pas avoir d'autre couple de valeurs communes avec les coordonnées de cette droite, que le couple des valeurs zéro, et c'est-à-dire que la courbe ne peut pas avoir d'autre point commun avec la droite que le point origine des coordonnées de toutes deux. Il est donc établi, pour l'équation particulière

$$y^2 + A xy + B x^2 + C y + D x = 0,$$

qu'on arrive facilement à la détermination de la tangente au point origine des coordonnées, quand on admet la possibilité d'un *quotient déterminé* des valeurs zéro ; mais nous ne voyons pas par quel moyen on pourrait arriver à la détermination de cette tangente, si l'on n'admettait pas la possibilité de ce quotient déterminé.

Du reste, il est de principe qu'une équation qui est satisfaite par deux valeurs simultanées de ses variables, est également satisfaite par ces valeurs, sous quelque forme qu'elle puisse être mise. Or l'équation, sous la forme

$$y^2 + A\,xy + B\,x^2 + C\,y + D\,x = 0,$$

est incontestablement satisfaite par les valeurs simultanées $x = 0$, $y = 0$; vouloir que, sous la forme

$$\frac{y}{x} = -\frac{B\,x + D}{y + A\,x + C},$$

elle ne fût plus satisfaite par les mêmes valeurs, ce serait donner un démenti au principe même de l'équation. Mais si l'équation, sous la forme

$$\frac{y}{x} = -\frac{B\,x + D}{y + A\,x + C},$$

admet encore les valeurs zéro, alors il vient très-légitimement

$$\frac{y = 0}{x = 0} = -\frac{D}{C};$$

si donc le langage algébrique est exact, il est *de fait* que les valeurs zéro ont un *quotient déterminé*, et ce fait, qu'on ne peut pas contredire, on doit seulement chercher à l'expliquer. En résumé, ne pas admettre que de l'équation $y^2 + A\,xy + B\,x^2 + C\,y + D\,x = 0$, on puisse arriver légitimement à $\dfrac{y=0}{x=0} = -\dfrac{D}{C}$, c'est nier la certitude du langage algébrique; nous allons voir maintenant que rien n'oblige à une négation si extraordinaire.

CHAPITRE V.

Soit l'équation

$$y = 2x,$$

dans laquelle x est considéré comme la variable indépendante ; pour chaque valeur attribuée à x, la valeur correspondante de y est donnée par cette condition, qu'elle doit être égale à cette valeur de x multipliée par le *facteur déterminé* 2. Mais l'équation $y = 2x$ peut aussi être mise sous la forme différente

$$\frac{y}{x} = 2;$$

sous cette forme, la valeur de y, correspondant à chaque valeur attribuée à x, est donnée par cette condition, que, en la divisant par cette valeur de x, on doit toujours avoir le *quotient déterminé* 2. Ainsi, changer de forme pour l'équation, c'est changer la condition par laquelle les valeurs de y sont obtenues au moyen des valeurs de x. Mais changer simplement de forme pour une équation entre deux variables, ce n'est changer ni d'équation ni de variables; x et y sont toujours les mêmes variables, et il y a toujours la même relation entre ces variables, soit qu'on les considère dans $y = 2x$ ou bien dans $\frac{y}{x} = 2$. Changer la condition par laquelle les valeurs de y sont obtenues au moyen de celles de x, ce n'est donc pas changer la relation que l'équation établit entre ses variables : la valeur de y, qui est obtenue par la condition d'être égale à une valeur de x multipliée par le *facteur déterminé* 2, c'est aussi celle qui est obtenue par la condition que, en la divisant par cette valeur de x, on doit avoir le *quotient déterminé* 2; la valeur de y obtenue par cette dernière condition, c'est aussi celle qui serait obtenue par la première condition, car de $\frac{y}{x} = 2$ il vient $y = 2x$, aussi bien que de $y = 2x$ il vient $\frac{y}{x} = 2$. Dans $\frac{y}{x} = 2$, aussi bien que dans $y = 2x$, 2 est toujours un coefficient donné avec l'équation, et c'est toujours au moyen de ce *coefficient déterminé* et des valeurs de x, qu'on détermine les valeurs correspondantes de y. Dans $y = 2x$, ce coefficient paraît comme *facteur* avec x, et il sert à déterminer le *produit* y; dans $\frac{y}{x} = 2$, le même coefficient paraît comme *quotient*, tandis que x est le diviseur, et il sert alors à déterminer le *dividende* y. On ne peut évidemment pas, dans $\frac{y}{x} = 2$, voir 2 comme un quotient qui serait *obtenu* au moyen de la division de y par x; ce quotient, en effet, est déjà donné avec l'équation elle-même, tandis que les valeurs de y, correspondantes à celles de x, ne sont obtenues qu'au moyen de cette équation. C'est donc bien le *dividende* qui est *obtenu* au moyen du diviseur et du quotient, et celui-ci est un *quotient imposé* par l'équation, de sorte que toutes les valeurs correspondantes, dans cette équation, ont nécessairement ce quotient et n'en peuvent pas avoir d'autre.

Dans $y = 2x$, on obtient, pour toute valeur déterminée de x, une valeur correspondante déterminée de y, et il n'y a à cela aucune exception; ainsi pour $x = 0$, l'équation donne

$$y = 2 \times 0 = 0.$$

Dans $\frac{y}{x} = 2$, on doit également, pour toute valeur déterminée de x, obtenir une valeur correspondante déterminée de y; pour $x = 0$, l'équation donne

$$\frac{y}{0} = 2,$$

et cette valeur de y n'est certainement pas indéterminée, car la seule valeur qui puisse satisfaire à l'équation $\frac{y}{0} = 2$, c'est certainement $y = 2 \times 0 = 0$. Il n'est pas contestable que la valeur de y, dans $\frac{y}{0} = 2$, ne soit parfaitement déterminée et qu'elle ne soit $y = 2 \times 0 = 0$; or si $y = 0$ est la valeur de y qui correspond à $x = 0$, dans l'équation $\frac{y}{x} = 2$, comment n'aurait-on pas le droit d'introduire ces valeurs correspondantes dans leur équation, et de poser ainsi

$$\frac{y = 0}{x = 0} = 2 ?$$

Il ne s'agit pas ici d'un quotient *déterminé* 2 qui aurait été *obtenu* en divisant zéro par zéro ; il s'agit, au contraire, d'un dividende *déterminé* zéro, qui a été *obtenu* au moyen du diviseur zéro et du quotient *déterminé* 2. Il est de fait qu'au moyen du diviseur $x = 0$ et du quotient 2, qui est imposé par l'équation, on obtient le dividende déterminé $y = 0$, et l'équation $\frac{y = 0}{x = 0} = 2$ n'exprime rien autre que ce fait. Tant qu'il s'agit de valeurs de y obtenues au moyen de l'équation $\frac{y}{x} = 2$, 2 est toujours un coefficient de l'équation même ; s'il paraît comme quotient, c'est donc toujours comme un quotient *déterminé par lui-même* et non pas au moyen des valeurs de x et de y, c'est toujours comme un quotient *imposé* et non pas *obtenu*. Si dans $\frac{y}{x} = 2$ on fait $x = 3$, il vient

$$\frac{y}{3} = 2, \quad \text{d'où} \quad y = 6,$$

et en introduisant dans l'équation ces valeurs correspondantes de x et de y, il vient

$$\frac{y = 6}{x = 3} = 2 ;$$

alors encore 2 est un quotient *imposé* et au moyen duquel on a obtenu la valeur de y, et le considérer autrement, ce serait ne plus considérer le nombre 6 comme une valeur de y *obtenue* au moyen de l'équation.

L'équation $y = 2x$ ou bien $\frac{y}{x} = 2$, étant entièrement déterminée, on obtiendra, pour toute valeur déterminée de x, une valeur correspondante déterminée de y, et il n'y a, sous ce rapport, aucune différence entre les valeurs $x = 0$, $y = 0$, et tout autre couple de valeurs correspondantes. Si l'on fait $x = 0$ dans $y = 2x$, il vient $y = 2 \times 0 = 0$: on pourrait certainement arriver à $y = 0$ en multipliant $x = 0$ par un facteur autre que 2 ; mais dans l'équation $y = 2x$, on n'arrive à $y = 0$ qu'en multipliant $x = 0$ par le facteur *déterminé* 2. Si l'on fait $x = 0$ dans $\frac{y}{x} = 2$, il vient $\frac{y}{0} = 2$, d'où $y = 0$: on pourrait certainement arriver à $y = 0$, en imposant à $\frac{y}{x}$ un autre quotient que 2 ; mais dans l'équation $\frac{y}{x} = 2$, on n'arrive à $y = 0$, qu'en imposant à x et y le *quotient déterminé* 2. Arriver à $y = 0$ en multipliant $x = 0$ par le facteur 3, ce serait y arriver dans une équation $y = 3x$, qui n'est pas l'équation que l'on a ; arriver à $y = 0$ en imposant à x et y le quotient 3, ce serait y arriver dans une équation $\frac{y}{x} = 3$, qui n'est pas l'équation que l'on a. L'équation que l'on a ayant le coefficient déterminé 2, et les valeurs correspondantes de x et de y étant déterminées par cette équation, il n'y a place à aucune indétermination : dans

$$0 = 2 \times 0,$$

2 est le facteur fourni par l'équation $y = 2x$, et $y = 0$ est le produit obtenu dans cette équation ; dans

$$\frac{0}{0} = 2,$$

2 est le quotient fourni par l'équation $\frac{y}{x} = 2$, et

$y = 0$ est le dividende obtenu comme valeur correspondante à $x = 0$, dans cette équation. On a bien reconnu qu'au moyen d'un dividende zéro et d'un diviseur zéro, on ne pouvait pas obtenir de quotient déterminé; mais on n'a pas fait attention qu'au moyen d'un quotient déterminé et d'un diviseur zéro, on pouvait très-bien obtenir un dividende déterminé, et que ce dividende déterminé était zéro.

Étant donné une équation déterminée $y = 2x$ ou $\frac{y}{x} = 2$, on en déduit une valeur déterminée de y, pour $x = 0$ aussi bien que pour toute autre valeur attribuée à x, et il n'y a, sous ce rapport, aucune différence entre le couple $x = 0$, $y = 0$, et tout autre couple de valeurs. Mais si l'on se donne deux nombres particuliers autres que zéro, et que l'on prenne l'un d'eux comme dividende et l'autre comme diviseur, on peut toujours, au moyen de ces nombres eux-mêmes, *obtenir* un quotient déterminé; les nombres 6 et 3, par exemple, étant donnés dans $6 = n \times 3$ ou dans $\frac{6}{3} = n$, on en pourra toujours tirer $n = 2$. De là résulte que, quand on se donne deux nombres autres que zéro avec un quotient déterminé de ces nombres, on peut considérer ce quotient comme *obtenu* au moyen des deux nombres, aussi bien qu'on peut le considérer comme *imposé* par une équation déterminée de la forme

$$\frac{y}{x} = n,$$

dans laquelle ces deux nombres seraient des valeurs

correspondantes de x et de y. Dans $\frac{6}{3} = 2$, par exemple, on peut considérer le quotient déterminé 2 comme *imposé*, par une équation, à des quantités générales x et y, dont 6 et 3 sont deux valeurs correspondantes, et on y voit alors $\frac{y = 6}{x = 3} = 2$; mais dans $\frac{6}{3} = 2$, on peut aussi considérer le quotient déterminé 2 comme simplement *obtenu* au moyen de la division de 6 par 3. Si, au contraire, on se donne deux zéros en prenant l'un comme dividende et l'autre comme diviseur, on ne peut pas, par leur moyen, obtenir un quotient déterminé, et dans

$$0 = n \times 0$$

tout comme dans

$$\frac{0}{0} = n,$$

on n'a aucun moyen de déterminer n. De là résulte que quand on se donne deux zéros avec un quotient déterminé, on ne peut pas considérer ce quotient comme *obtenu*, et qu'il faut nécessairement le considérer comme *imposé* par une équation déterminée, de la forme

$$\frac{y}{x} = n,$$

dans laquelle les deux zéros sont des valeurs correspondantes de x et de y. Dans $\frac{0}{0} = 2$, par exemple, on ne peut considérer 2 que comme le quotient que l'équation déterminée $\frac{y}{x} = 2$ impose à des quantités générales x et y, dont les zéros sont des valeurs correspondantes ; dans $\frac{o}{o} = 2$, il faut ainsi, nécessairement, voir $\frac{y=o}{x=o} = 2$.

Un *quotient obtenu* suppose deux nombres particuliers, au moyen desquels il est obtenu, et ces nombres sont nécessairement autres que zéro. Mais *imposer* un quotient, est tout autre chose qu'obtenir un quotient comme *résultat* ou par la division de deux nombres particuliers. Imposer un quotient déterminé à deux quantités, c'est concevoir deux quantités par la condition qu'elles doivent avoir ce quotient déterminé, et les quantités qu'on conçoit par cette condition sont des quantités générales ou susceptibles de diverses valeurs ; on ne peut donc pas concevoir un quotient comme imposé, sans concevoir deux quantités générales auxquelles il est imposé, de sorte qu'un *quotient imposé*, c'est, identiquement, le coefficient d'une équation de la forme $\frac{y}{x} = n$. Quand donc on se donne deux nombres particuliers avec un quotient imposé, on se donne ces nombres particuliers avec un quotient imposé à des nombres généraux, et c'est-à-dire qu'on se donne ces nombres particuliers comme valeurs correspondantes des quantités générales d'une équation, de la forme $\frac{y}{x} = n$. Un *quotient obtenu* suppose nécessairement deux nombres particuliers au moyen desquels on l'obtient, et ces nombres ne peuvent pas être simultanément zéro. Un *quotient imposé* suppose nécessairement les deux quantités générales d'une

équation de la forme $\frac{y}{x} = n$, et il est imposé également à toutes les valeurs correspondantes de ces
quantités ; $x = 0$ et $y = 0$ étant toujours deux valeurs correspondantes dans une équation de cette
forme, un quotient imposé est imposé à $x = 0$ et
$y = 0$, aussi bien qu'à tout autre couple de valeurs. En considérant 2 comme un quotient obtenu,
on n'a pas le droit de poser $\frac{0}{0} = 2$, tandis qu'on a
le droit de poser $\frac{6}{3} = 2$; mais en tant que 2 est un
quotient imposé, on a le même droit de poser
$\frac{y = 0}{x = 0} = 2$, ou bien $\frac{y = 6}{x = 3} = 2$. Imposer un quotient
déterminé à deux nombres particuliers, c'est, iden-
tiquement, leur imposer la condition d'être des valeurs correspondantes dans une équation déterminée
de la forme $\frac{y}{x} = n$, et cette condition peut être im-
posée à deux zéros, aussi bien qu'à deux nombres
autres que zéro.

Au moyen de deux nombres autres que zéro, on
peut toujours obtenir un quotient déterminé, de sorte
que deux pareils nombres portent, en eux-mêmes,
la détermination de leur quotient. Quand donc on
impose un quotient déterminé à deux nombres autres que zéro, ou quand on conçoit ces nombres
comme valeurs correspondantes dans une équation
déterminée de la forme $\frac{y}{x} = n$, le quotient qu'on
leur impose est nécessairement celui dont ils portent
la détermination en eux-mêmes ; l'équation déter-

minée dans laquelle on les conçoit est la seule dans laquelle on puisse les concevoir, et on ne peut pas, par exemple, imposer à 6 et à 3 un autre quotient que 2 ou les concevoir dans une équation, de la forme $\frac{y}{x} = n$, qui ne serait pas $\frac{y}{x} = 2$. Imposer un quotient déterminé à deux nombres autres que zéro ou les concevoir comme valeurs dans une équation déterminée, c'est donc bien déterminer qu'on leur impose un quotient ou qu'on les conçoit dans une équation ; mais ce n'est pas du tout déterminer qu'on leur impose un quotient particulier, à l'exclusion d'autres quotients qu'on pourrait aussi leur imposer, ce n'est pas déterminer qu'on les conçoive dans une équation particulière de la forme $\frac{y}{x} = n$, à l'exclusion d'autres équations de même forme, dans lesquelles on pourrait aussi les concevoir. Deux nombres autres que zéro portant en eux-mêmes la détermination de leur quotient, c'est par eux-mêmes et sans aucune détermination particulière, qu'ils excluent tout autre quotient.

Mais il n'est pas possible, au moyen de deux zéros, d'obtenir un quotient déterminé, de sorte que deux zéros ne portent pas en eux-mêmes la détermination de leur quotient. Quand donc on impose un quotient déterminé à deux zéros, ou quand on les conçoit comme valeurs correspondantes dans une équation déterminée de la forme $\frac{y}{x} = n$, on ne détermine pas seulement qu'on conçoit deux zéros avec un quotient, on détermine aussi avec quel quotient particulier ou dans quelle équation particulière on les conçoit. Les zéros ne portant pas en eux-mêmes la détermination de leur quotient, ils n'excluent, par eux-mêmes, aucun quotient ; imposer à deux zéros un quotient déterminé ou qui exclut tout autre quotient, ce n'est donc pas considérer simplement deux zéros en eux-mêmes, car c'est considérer les deux zéros qui ont ce quotient et qui excluent ainsi les zéros de tout autre quotient. Concevoir deux zéros dans une équation de la forme $\frac{y}{x} = n$, qui est déterminée et exclut toute autre équation de même forme, c'est concevoir des zéros qui appartiennent à cette équation déterminée et qui excluent les zéros de toute autre équation de même forme ; dans $\frac{y=0}{x=0} = 2$, par exemple, on a les zéros du quotient déterminé 2 ou de l'équation déterminée $\frac{y}{x} = 2$, et ces zéros excluent ceux de toute autre équation de même forme ou de tout autre quotient. De ce que deux zéros ne portent pas en eux-mêmes la détermination de leur quotient, ou de ce que, par eux-mêmes, ils n'excluent aucun quotient, il ne suit pas du tout qu'on ne puisse pas imposer à deux zéros un quotient déterminé ou exclusif ; mais il en suit que deux zéros auxquels on impose un quotient déterminé, deviennent par là *des zéros déterminés* ou excluant d'autres zéros, et que ce ne sont plus simplement des zéros conçus en eux-mêmes.

Se donner les nombres 6 et 3 comme valeurs correspondantes dans l'équation déterminée $\frac{y}{x} = 2$, ou en leur imposant le quotient déterminé 2, c'est se donner les nombres 6 et 3 avec le seul quotient qu'on puisse leur imposer, et c'est, par conséquent, se les donner sans aucune détermination particulière ou tels qu'ils sont par eux-mêmes. Se donner deux zéros comme valeurs correspondantes de l'équation déterminée $\frac{y}{x} = 2$, ou en leur imposant le quotient déterminé 2, c'est déterminer qu'on se donne les zéros qui appartiennent à cette équation ou qui ont ce quotient, et c'est exclure les zéros qui auraient tout autre quotient ou qui appartiendraient à toute autre équation de même forme. Considérés en eux-mêmes, $x = 0$ et $y = 0$ peuvent appartenir indifféremment à toute équation de la forme $\frac{y}{x} = n$ ou $y = nx$; considérer $x = 0$ et $y = 0$ dans l'équation déterminée $\frac{y}{x} = 2$, ce n'est donc pas considérer des zéros tels qu'ils sont en eux-mêmes, mais les zéros déterminés d'une équation déterminée. Chaque équation déterminée de la forme $\frac{y}{x} = n$, a ses zéros déterminés, qui sont ceux de cette équation et d'aucune autre de même forme; imposer un quotient déterminé à deux zéros, c'est en faire les zéros d'une équation déterminée de la forme $\frac{y}{x} = n$, et c'est, par là, en faire des *zéros déterminés*. Un quotient déterminé imposé à deux zéros, a ainsi une importance que n'a pas un quotient imposé à deux nombres autres que zéro, parce qu'il est une détermination qu'on ne pourrait pas obtenir au moyen de deux zéros considérés en eux-mêmes.

En résumé, un *quotient imposé* suppose nécessairement deux quantités générales auxquelles il est imposé, et il est ainsi toujours, identiquement, le coefficient d'une équation déterminée de la forme $\frac{y}{x} = n$, qui peut aussi être mise sous la forme $y = nx$.

Imposer un quotient déterminé à deux nombres particuliers, c'est donc toujours considérer ces nombres comme valeurs de deux quantités générales, auxquelles ce même quotient est imposé ; c'est, en d'autres termes, considérer ces nombres particuliers comme valeurs correspondantes dans une équation de la forme $\frac{y}{x} = n$, dont le quotient imposé est le coefficient. Or toute équation de cette forme admettant les valeurs simultanées $x = 0$, $y = 0$, un quotient déterminé peut être imposé à deux zéros aussi bien qu'à tout autre couple de nombres. On peut donc toujours concevoir deux zéros avec une détermination que des zéros n'ont pas par eux-mêmes, et cette détermination est celle d'avoir un quotient exclusif, ou d'appartenir exclusivement à une équation déterminée de la forme $\frac{y}{x} = n$; en tant qu'une équation de la forme $\frac{y}{x} = n$ ou $y = nx$ représente une droite qui passe par l'origine des coordonnées, la détermination que peuvent recevoir deux zéros, est celle d'appartenir, exclusivement, à une droite déterminée passant par l'origine des coordonnées. En faisant, par exemple, $\frac{0}{0} = 2$ ou $0 = 2 \times 0$, on considère exclusivement les zéros de l'équation déterminée $\frac{y}{x} = 2$ ou $y = 2x$, et, en tant que cette équation représente une droite déterminée, on considère exclusivement les zéros des coordonnées de cette droite; imposer un quotient déterminé à deux zéros, c'est ainsi déterminer la droite, passant par l'origine, à laquelle ces zéros appartiennent exclusivement. Or nous allons voir que l'équation d'une courbe, qui passe elle-même par l'origine des coordonnées, *impose* un quotient déterminé à toutes les valeurs correspondantes de ses variables, sans aucune exception. Cette équation impose donc aux valeurs zéro de ses variables, une détermination que des zéros ne portent pas en eux-mêmes; en leur imposant un quotient déterminé, elle leur impose la condition d'appartenir exclusivement à une équation déterminée de la forme $\frac{y}{x} = n$, et à la *droite déterminée* qui est représentée par cette équation. Cette droite, qui est la seule dont les coordonnées aient, pour zéros, les zéros mêmes des coordonnées de la courbe, c'est la *tangente* à cette courbe au point origine des coordonnées.

CHAPITRE VI.

Soit

$$\psi(x, y) = 0$$

une équation satisfaite par les valeurs simultanées

$$x = 0, \quad y = 0,$$

et qui représente une courbe passant par l'origine des coordonnées ; de cette équation on pourra toujours tirer

$$\frac{y}{x} = f(x, y),$$

et on aura ainsi, dans $f(x, y)$, le quotient de la division de y par x. Ce quotient, qui est fonction des variables x et y, et qui, par conséquent, est variable lui-même, n'a évidemment pas été obtenu *au moyen* de y comme dividende et de x comme diviseur, il n'est pas le résultat d'une division. L'expression $f(x, y)$ ne dépend pas uniquement de x et de y, mais aussi des coefficients et des autres conditions de l'équation dont elle se déduit ; $f(x, y)$ est donc un quotient que l'équation elle-même *impose* au dividende y et au diviseur x, et il n'est pas un quotient obtenu *au moyen* du dividende

y et du diviseur x. Si x' et y' sont un couple de valeurs particulières satisfaisant à l'équation $\psi(x, y) = 0$, on pourra introduire ces valeurs dans $\frac{y}{x} = f(x, y)$, ce qui donnera

$$\frac{y = y'}{x = x'} = f(x', y').$$

Le quotient $f(x', y')$ aura ainsi été obtenu par l'introduction de x' et y' dans une expression $f(x, y)$, qui dépend des coefficients et autres conditions de l'équation donnée; mais il ne l'aura pas été au moyen de y' comme dividende et de x' comme diviseur, il ne sera pas le résultat d'une division. Ce quotient, obtenu au moyen des conditions de l'équation donnée, est donc un quotient que cette équation elle-même impose aux valeurs x' et y', et dans $\frac{y = y'}{x = x'} = f(x', y')$, le dividende y' et le diviseur x' sont conçus avec un quotient qui n'est pas le résultat d'une division.

Mettre l'équation $\psi(x, y) = 0$ sous la forme $\frac{y}{x} = f(x, y)$, c'est concevoir les variables x et y avec un quotient qui leur est *imposé*, et c'est ainsi, identiquement, concevoir les coordonnées du point variable qui décrit la courbe, comme appartenant aux coordonnées d'une équation de la forme

$$\frac{y}{x} = n,$$

c'est-à-dire de l'équation d'une droite passant par l'origine; mais cette droite elle-même est variable, puisque son équation a pour coefficient l'expression variable $f(x, y)$. Introduire, dans $\frac{y}{x} = f(x, y)$, les coordonnées x' et y' d'un point fixe de la courbe, c'est concevoir ces coordonnées avec un quotient qui leur est *imposé*, et c'est ainsi, identiquement, les concevoir comme valeurs correspondantes des coordonnées d'une équation de la forme $\frac{y}{x} = n$, c'est-à-dire de l'équation d'une droite qui passe par l'origine; $f(x', y')$, ou le quotient imposé aux valeurs x' et y', est le coefficient de l'équation de cette droite. Or la droite qui passe par l'origine et par le point dont les coordonnées sont x et y, c'est la sécante variable qui coupe la courbe en un point variable ; la droite qui passe par l'origine et par le point dont les coordonnées sont x' et y', c'est la sécante qui coupe la courbe en ce point. Si donc on appelle α et β les coordonnées propres de la sécante passant par l'origine, alors l'équation de la sécante variable sera

$$\frac{\beta}{\alpha} = f(x, y),$$

et celle de la sécante passant par le point fixe dont x' et y' sont les coordonnées sera

$$\frac{\beta}{\alpha} = f(x', y'),$$

qui donnera

$$\frac{\beta = y'}{\alpha = x'} = f(x', y').$$

Si dans l'équation $\frac{\beta}{\alpha} = f(x', y')$, α est considéré comme la variable indépendante, les valeurs particulières de β y seront obtenues au moyen de celles de α et *au moyen* du quotient imposé $f(x', y')$.

Ainsi il est établi qu'on arrive à la détermination de la sécante, pour un point quelconque de la courbe, en introduisant les coordonnées de ce point dans l'expression $f(x, y)$, et sans qu'on ait jamais besoin de diviser ces coordonnées l'une par l'autre; l'équation elle-même leur imposant un quotient, on n'a jamais besoin d'arriver à ce quotient comme au résultat d'une division. Mais en tant qu'il s'agit de deux valeurs x' et y', qui sont supposées autres que zéro, on pourrait aussi, au moyen de y' comme dividende et de x' comme diviseur, obtenir un quotient déterminé, et le quotient ainsi obtenu pourrait ensuite être pris pour coefficient de l'équation de la sécante; une équation $\psi(x, y) = 0$, qui fournit les valeurs correspondantes $x = x'$ et $y = y'$, ne fournit donc pas réellement une détermination *de plus* en imposant un quotient à ces valeurs, puisque le même quotient pourrait aussi être obtenu en dehors de l'équation et par la simple division de y' par x'.

Il en est tout autrement pour les valeurs simultanées

$$x = 0, \quad y = 0.$$

En introduisant ces valeurs dans $\dfrac{y}{x} = f(x, y)$, il vient

$$\frac{y = 0}{x = 0} = f(0, 0),$$

et le quotient $f(0, 0)$ est ainsi obtenu par l'introduction de $x = 0$, $y = 0$ dans une expression

$f(x, y)$, qui dépend des coefficients et autres conditions de l'équation donnée. Évidemment, $f(o, o)$ n'a pas été obtenu *au moyen* de $y = o$ comme dividende et de $x = o$ comme diviseur, il n'est pas le *résultat* d'une division; $f(o, o)$ est donc le quotient que l'équation donnée impose au dividende $y = o$ et au diviseur $x = o$, et il ne peut être que cela. L'équation donnée impose donc un rapport déterminé aux valeurs zéro de ses propres variables, et c'est-à-dire qu'elle leur impose la condition d'appartenir aussi aux variables d'une équation déterminée de la forme $\frac{y}{x} = n$, ou que, en d'autres termes, elle leur impose la condition d'appartenir aux coordonnées d'une *droite déterminée* qui passe par l'origine. Pour tout couple de valeurs, autres que zéro, introduit dans l'équation $\frac{y}{x} = f(x, y)$, le quotient imposé $f(x, y)$ est le coefficient de l'équation d'une sécante proprement dite, et

$$x = x - o$$

et

$$y = y - o$$

sont les différences entre les coordonnées des deux points d'intersection de cette sécante et de la courbe; mais en faisant $x = o$, $y = o$, dans $\frac{y}{x} = f(x, y)$, on fait disparaître les différences entre les coordonnées du point variable et du point fixe de la sécante, et on passe ainsi à la tangente au point origine, comme à une sécante dont les deux points d'intersection se confondent en un seul point. $f(o, o)$, ou le quotient que l'équation donnée impose aux valeurs zéro, est donc le coefficient de l'équation de la tangente, et si α et β désignent les coordonnées de cette tangente, son équation sera $\frac{\beta}{\alpha} = f(o, o)$, qui donne aussi $\frac{\beta = o}{\alpha = o} = f(o, o)$. La détermination de la tangente au point origine, a été ainsi obtenue dans l'équation $\frac{y}{x} = f(x, y)$, sans l'être *au moyen* d'un dividende et d'un diviseur ou comme résultat d'une division. Or cette détermination ne pourrait certainement pas s'obtenir au moyen de $y = o$ comme dividende et de $x = o$ comme diviseur; et c'est-à-dire que l'équation $\psi(x, y) = o$, qui a fourni les valeurs correspondantes $x = o$, $y = o$, fournit réellement une détermination de plus, en imposant un quotient à ces valeurs. Ainsi l'équation d'une courbe étant satisfaite par les valeurs zéro de ses variables, on n'a tiré de cette équation toutes *les déterminations* qu'elle contient, qu'en tant qu'on en a tiré le quotient déterminé qu'elle impose aux valeurs zéro, et la détermination de ce quotient est celle même de la tangente au point origine des coordonnées.

De l'équation

$$y^2 + A xy + B x^2 + C y + D x = o,$$

par exemple, il vient

$$\frac{y}{x} = -\frac{B x + D}{y + A x + C},$$

dont le deuxième membre est un quotient que l'équation *impose* au dividende y et au diviseur x, et non pas un quotient *obtenu* comme résultat de la

division de y par x; ce quotient imposé est le coefficient de l'équation d'une sécante passant par l'origine, et il exprime la tangente trigonométrique de
l'angle que cette sécante fait avec l'axe des x. Pour
chaque couple de valeurs de x et de y, introduit
dans $-\dfrac{Bx+D}{y+Ax+C}$, on aura le quotient particulier
que l'équation impose à ces valeurs, et ce quotient ex-
primera un angle particulier de la sécante; mais tant
qu'il s'agit de valeurs autres que zéro, leur quotient
particulier, déterminant une sécante particulière,
pourrait aussi être *obtenu* comme résultat d'une division et seulement au moyen des valeurs elles-mêmes.

Si, au contraire, on introduit dans $-\dfrac{Bx+D}{y+Ax+C}$,
les valeurs $x = 0$, $y = 0$, on obtient alors, dans

$$-\frac{D}{C},$$

le quotient déterminé que l'équation *impose* aux valeurs zéro de ses variables, et ce quotient est le coefficient de l'équation d'une droite, à laquelle appartiennent aussi ces valeurs; mais ce quotient, imposé
par l'équation, ne pourrait pas être obtenu au moyen
des valeurs elles-mêmes ou comme résultat d'une
division. L'équation qui fournit les valeurs correspondantes $x = 0$, $y = 0$, fournit donc encore une
détermination de plus, en imposant un quotient à
ces valeurs. En faisant $x = 0$, $y = 0$, dans l'équa-
tion $\dfrac{y}{x} = -\dfrac{Bx+D}{y+Ax+C}$, on fait d'ailleurs disparaître les différences $x - 0$ et $y - 0$, entre les coordonnées des deux points d'intersection de la

sécante avec la courbe, et, par là, on passe d'une sécante proprement dite à une tangente ; le quotient déterminé $-\dfrac{D}{C}$ est donc le coefficient de l'équation de la tangente au point origine, et il exprime l'angle que cette tangente fait avec l'axe des x. L'équation qui a fourni les valeurs correspondantes $x = 0$, $y = 0$, fournit ainsi, de plus, la *détermination* de la tangente, au point dont les coordonnées sont $x = 0$, $y = 0$.

L'équation donnée *imposant* à ses valeurs zéro le quotient déterminé $-\dfrac{D}{C}$, ces zéros n'appartiennent pas à une équation quelconque de la forme $\dfrac{y}{x} = n$, ni, par conséquent, à une droite quelconque passant par l'origine des coordonnées ; le quotient $-\dfrac{D}{C}$ étant imposé aux valeurs zéro de l'équation donnée, il leur est imposé d'appartenir *exclusivement* à l'équation déterminée

$$\frac{\beta}{\alpha} = -\frac{D}{C} \quad \text{ou} \quad \beta = -\frac{D}{C} \times \alpha,$$

et à la droite déterminée qui est représentée par cette équation. En tant que les valeurs zéro des variables de l'équation

$$y^2 + A\,xy + B\,x^2 + C\,y + D\,x = 0$$

sont aussi considérées dans un rapport ou comme appartenant à une droite qui passe par l'origine, ces valeurs zéro sont *nécessairement* considérées dans le rapport $-\dfrac{D}{C}$, ou comme appartenant à la droite

$\frac{\beta}{\alpha} = -\frac{D}{C}$, les zéros de l'équation de la courbe sont ainsi, en même temps, les zéros de l'équation de la droite qui est tangente à cette courbe au point origine, et ils ne peuvent appartenir à l'équation d'aucune autre droite.

Si l'on considère maintenant une équation générale

$$F(x + \Delta x, y + \Delta y) = 0,$$

qui est dérivée d'une équation primitive

$$F(x, y) = 0,$$

cette équation générale est l'ensemble d'une multitude d'équations particulières

$$F(x' + \Delta x, y' + \Delta y) = 0,$$
$$F(x'' + \Delta x, y'' + \Delta y) = 0,$$
$$\dots\dots\dots\dots\dots\dots\dots\dots,$$

dont chacune représente la courbe, avec l'origine des coordonnées en un point fixe sur cette courbe. Cette équation générale étant mise sous la forme

$$\frac{\Delta y}{\Delta x} = \varphi(x, y, \Delta x, \Delta y),$$

elle est l'ensemble d'une multitude d'équations particulières de même forme,

$$\frac{\Delta y}{\Delta x} = \varphi(x', y', \Delta x, \Delta y),$$
$$\frac{\Delta y}{\Delta x} = \varphi(x'', y'', \Delta x, \Delta y),$$
$$\dots\dots\dots\dots\dots\dots\dots\dots,$$

et le deuxième membre de chacune de ces équations particulières, est un quotient particulier *imposé* aux valeurs correspondantes des variables Δx et Δy; le deuxième membre de l'équation générale

$$\frac{\Delta y}{\Delta x} = \varphi(x, y, \Delta x, \Delta y)$$

est donc aussi le quotient général que l'équation dérivée impose aux valeurs correspondantes de ses variables Δx et Δy. Or une équation qui impose un quotient aux valeurs correspondantes de ses variables, l'impose également à toutes ses valeurs, sans exception; l'équation générale $F(x + \Delta x, y + \Delta y) = o$, étant toujours satisfaite par les valeurs simultanées $\Delta x = o$, $\Delta y = o$, on a le droit de faire $\Delta x = o$, $\Delta y = o$ dans $\frac{\Delta y}{\Delta x} = \varphi(x, y, \Delta x, \Delta y)$, ce qui donne l'équation

$$\frac{\Delta y = o}{\Delta x = o} = \varphi(x, y),$$

dont le deuxième membre est le quotient que l'équation dérivée générale *impose* aux valeurs zéro de ses variables. Ce quotient étant fonction des coefficients généraux x et y, il est lui-même général ou susceptible de diverses valeurs, et il représente ainsi l'ensemble de tous les quotients particuliers

$$\varphi(x', y'), \quad \varphi(x'', y''), \ldots,$$

que chacune des équations particulières

$$F(x' + \Delta x, y' + \Delta y) = o, \ldots$$

impose aux valeurs zéro de ses variables. On a donc le droit de dire de $\varphi(x, y)$, que c'est le *quotient général* des valeurs o.

Chacun des quotients particuliers

$$\varphi(x', y', \Delta x, \Delta y), \quad \varphi(x'', y'', \Delta x, \Delta y), \ldots,$$

est le coefficient de l'équation d'une sécante passant par une origine fixe sur la courbe, et il détermine l'angle que cette sécante fait avec l'axe des Δx; le quotient général $\varphi\,(x,\,y,\,\Delta x,\,\Delta y)$ est donc le coefficient de l'équation d'une sécante générale, passant par une origine variable sur la courbe, et il détermine l'angle de cette sécante avec l'axe des Δx. En faisant $\Delta x = 0$, $\Delta y = 0$ dans chacun des quotients particuliers $\varphi\,(x',\,y',\,\Delta x,\,\Delta y),\ldots$, on fait disparaître les différences $\Delta x - 0$ et $\Delta y - 0$ entre les coordonnées des deux points d'intersection de la sécante et de la courbe, et on passe, par là, d'une sécante passant par une origine fixe sur la courbe, à une tangente en cette origine fixe; en faisant $\Delta x = 0$, $\Delta y = 0$ dans le quotient général $\varphi\,(x,\,y,\,\Delta x,\,\Delta y)$, on fait également disparaître les différences $\Delta x - 0$ et $\Delta y - 0$ entre les coordonnées des deux points d'intersection de la sécante générale et de la courbe, et on passe, par là, d'une sécante générale ou passant par une origine variable sur la courbe, à une tangente générale en une origine variable sur la courbe. $F\,(x + \Delta x,\,y + \Delta y) = 0$ est une équation générale de la courbe, en tant que cette équation est l'ensemble d'une multitude d'équations particulières, dont chacune a une origine fixe sur la courbe; $\varphi\,(x,\,y,\,\Delta x,\,\Delta y)$ est le coefficient de l'équation d'une sécante générale, en tant que cette expression embrasse une multitude d'expressions particulières, dont chacune est le coefficient de l'équation de la sécante, pour une origine fixe sur la courbe; enfin $\varphi\,(x,\,y)$ est le coefficient de l'équation d'une tangente générale, en tant que cette expression embrasse une multitude d'expressions particulières, dont chacune est le coefficient de l'équation de la tangente en une origine fixe sur la courbe.

Si l'équation primitive $F(x, y) = 0$ a été mise sous la forme

$$y = f(x),$$

alors l'équation générale obtenue par l'introduction de $x + \Delta x$ au lieu de x et de $y + \Delta y$ au lieu de y, et qui embrasse toutes les équations particulières pour lesquelles l'origine est en un point fixe sur la courbe, aura elle-même la forme

$$\Delta y = f'(x)\,\Delta x + f''(x)\,\Delta x^2 + \cdots;$$

et si l'équation primitive est seulement du deuxième degré, l'équation dérivée sera

$$\Delta y = f'(x)\,\Delta x + f''(x)\,\Delta x^2.$$

Il vient de là

$$\frac{\Delta y}{\Delta x} = f'(x) + f''(x)\,\Delta x,$$

dont le deuxième membre est le quotient que l'équation générale impose aux valeurs correspondantes de ses variables, et ce quotient est le coefficient de l'équation de la sécante générale. Si dans $\frac{\Delta y}{\Delta x} = f'(x) + f''(x)\,\Delta x$, on fait $\Delta x = 0$, $\Delta y = 0$, il vient alors

$$\frac{\Delta y = 0}{\Delta x = 0} = f'(x),$$

dont le deuxième membre est le quotient que l'équation générale impose aux valeurs zéro de ses variables Δx et Δy, et ce quotient est le coefficient de l'équation de la tangente générale. Le quotient $f'(x)$ est évidemment général ou susceptible de diverses valeurs, puisqu'il est donné en fonction d'un coefficient général x. Chaque valeur de x qui, introduite dans l'équation primitive $y = f(x)$, détermine un point de la courbe, peut aussi être introduite dans l'équation dérivée

$$\Delta y = f'(x)\Delta x + f''(x)\Delta x^2,$$

et elle détermine alors une équation particulière de la courbe, avec une origine fixe sur cette courbe ; la même valeur de x étant introduite dans $f'(x)$ ou le quotient général des valeurs zéro, elle déterminera un quotient particulier des valeurs zéro, et ce quotient donnera la détermination de la tangente en une origine fixe sur la courbe. L'axe des x étant d'ailleurs parallèle à celui des Δx, l'angle de la tangente est également déterminé pour l'un ou l'autre de ces axes.

La dérivée $f'(x)$ n'est ainsi rien autre que le rapport ou le *quotient général*, que l'équation dérivée *impose* aux valeurs zéro de ses variables Δx et Δy ; on n'arrive réellement à la *dérivée*, qu'en introduisant les valeurs zéro dans l'équation

$$\frac{\Delta y}{\Delta x} = f'(x) + f''(x)\Delta x,$$

ce qui donne $\dfrac{\Delta y = 0}{\Delta x = 0} = f'(x)$. Si on appelle dx la valeur zéro de la variable indépendante Δx, et dy la valeur correspondante de la variable Δy, alors, mais alors seulement, dx et dy ont un sens vraiment intelligible, et il en est de même de l'équation

$$\frac{dy}{dx} = f'(x).$$

En imposant aux valeurs zéro de ses variables le quotient $f'(x)$, l'équation générale leur impose la condition d'appartenir aussi à une équation

$$\frac{\beta}{\alpha} = f'(x),$$

qui est celle de la tangente générale au point origine des coordonnées ; or l'équation $\frac{\beta}{\alpha} = f'(x)$ peut également être mise sous la forme

$$\beta = f'(x) \times \alpha,$$

et puisque dx et dy représentent aussi les valeurs zéro des variables de cette équation, on a le même droit de poser

$$dy = f'(x)\, dx$$

ou bien

$$\frac{dy}{dx} = f'(x).$$

Le quotient imposé aux valeurs zéro par l'équation générale, c'est le *coefficient* de l'équation de la tangente générale, et il est indifférent que ce coefficient paraisse comme *quotient* dans $\frac{dy}{dx} = f'(x)$, ou bien comme *facteur* dans $dy = f'(x)\, dx$.

PARIS. — IMPRIMERIE DE CH...
Rue de Seine-Saint-Germain, 10, ...